英特尔 FPGA 中国创新中心系列丛书

人工智能数据处理

余　平　陈文杰　徐宏英　华成丽

尹　宽　李红蕾　何桂兰　童　亮　◎编著

赵瑞华　柴广龙　胡云冰

电子工业出版社

Publishing House of Electronics Industry

北京 · BEIJING

内 容 简 介

本书是大数据处理的基础教材。从介绍基础的大数据采集开始，关注数据的采集、数据预处理、数据的可视化、数据的标注，以及大数据的相关应用等大数据的处理知识。其中，既包括文本或数值相关数据的处理，也包括对图片这样的非结构化数据的梳理。知识内容涵盖面较为广泛。本书以项目制的方式编写，浅显易懂，可以让没有相关经验的读者，比如高职高专的人工智能相关专业的学生，在短时间内了解人工智能数据处理相关知识，并在各自的领域提高工作效率和产出。

未经许可，不得以任何方式复制或抄袭本书之部分或全部内容。
版权所有，侵权必究。

图书在版编目（CIP）数据

人工智能数据处理 / 余平等编著. —北京：电子工业出版社，2022.5
（英特尔 FPGA 中国创新中心系列丛书）

ISBN 978-7-121-43293-4

Ⅰ.①人… Ⅱ.①余… Ⅲ.①人工智能—应用—数据处理 Ⅳ.①TP18②TP274

中国版本图书馆 CIP 数据核字（2022）第 067719 号

责任编辑：刘志红（lzhmails@phei.com.cn）
印　　刷：北京天宇星印刷厂
装　　订：北京天宇星印刷厂
出版发行：电子工业出版社
　　　　　北京市海淀区万寿路 173 信箱　邮编　100036
开　　本：787×980　1/16　印张：14.5　字数：324.8 千字
版　　次：2022 年 5 月第 1 版
印　　次：2022 年 5 月第 1 次印刷
定　　价：69.00 元

凡所购买电子工业出版社图书有缺损问题，请向购买书店调换。若书店售缺，请与本社发行部联系，联系及邮购电话：（010）88254888，88258888。
质量投诉请发邮件至 zlts@phei.com.cn，盗版侵权举报请发邮件至 dbqq@phei.com.cn。
本书咨询联系方式：（010）88254479，lzhmails@phei.com.cn。

人工智能大数据技术是目前发展迅速的新兴学科,已经成为高新技术中的核心技术。云计算、大数据技术的推动使人工智能在互联网时代获得了前所未有的发展。其中,大数据应用广泛,覆盖了生产、生活中的许多领域。因此,许多高等院校开设人工智能课程,许多高职与专科院校也逐渐重视相关专业高技术技能人才的培养,并开设了人工智能相关课程。

随着本科、高职院校人工智能相关专业落地,作者深感前期的教学内容技术专业度不足,而目前针对研究领域的高级教材难度较大,不适合高职和一般本科院校的学生学习。因此,迫切需要一本适合高职和本科学生的基础性强、可读性好、学生能快速入门且适合老师讲授的人工智能技术专业教材。

《人工智能数据处理》从基础实用内容开始,并辅以编程基础知识和综合案例,其目的是使学生学习和掌握人工智能的基本概念和原理,理解人工智能的发展前沿,拓宽知识面,启发思路,为今后在相关领域应用人工智能技术奠定基础。

本书通过理论结合实践的形式,由浅入深地讲解了人工智能理论方法体系和技术应用过程,特色如下。

(1)语言简明,可读性好。本书尽量用通俗语言讲解知识点,帮助学生阅读和学习,领略人工智能的思想和方法。

(2)内容实用,注重应用。人工智能知识内容非常庞杂,本书介绍主流知识体系和实用技术方法，偏重实践能力培养，而不拘泥于科学研究方法。

（3）拓展内容丰富，扩宽学生眼界。本书提供了拓展内容，引导学生自主学习，扩展学生的眼界，拓展其知识应用能力。

（4）编排醒目，方便学习。每章开篇设置了导读，明确了学习目标和学习重点。

本书课程教学学时数建议为 48～64 学时。对于人工智能、计算机等专业，后续实践部分可以安排总学时的一半及以上。

本书配有电子课件、电子教案、习题等教学资源，可以通过电子工业出版社华信教育资源网免费获取或扫描下方二维进行观看。

感谢本书所有参编人员的辛勤劳动和付出，感谢电子工业出版社编辑老师给予的协助和支持。

由于作者水平有限，书中难免存在不妥之处，希望广大读者和专家学者能够拨冗提出宝贵的改进意见。

作　者

2021 年 12 月于重庆

目 录

项目一

大数据采集认知

 项目描述

人工智能与机器学习的发展得益于大数据与云计算等领域的发展，大数据质量的好坏直接影响人工智能模型训练的质量。

本项目是从数据的产生开始的，介绍大数据来源及采集方式，了解原始的采集数据存在的问题。在此认知上介绍大数据预处理及预处理工具，理解大数据预处理的任务和作用。

 学习目标

本项目完成后，学生将能够：

1）了解大数据采集内容；

2）了解大数据采集平台类型；

3）熟悉大数据预处理流程；

4）熟悉流行的大数据采集工具。

 任务单

1.1 开始大数据采集认知；

1.2 了解大数据采集平台；

1.3 了解大数据预处理；

1.4 了解大数据预处理常用工具。

任务 1.1 开始大数据采集认知

⊚ 1.1.1 任务描述

人工智能发展离不开大数据，大数据的发展给人工智能的发展带来了可能，人工智能技术的发展对大数据技术有着较强的依赖性。作为人工智能的核心技术之一，大数据技术在人工智能中有较为广泛的应用。

大数据的核心技术主要是两大部分内容：一是大数据的采集与存储；二是大数据挖掘分析。对于数据的采集与存储，传统数据库、数据仓库等产品已经给出了非常完善的解决方案，但是传统大数据处理技术已经不能满足大数据背景下的数据处理，该任务主要完成对大数据采集的一些认知。

⊚ 1.1.2 知识准备

互联网，云计算技术的发展，产生了海量的交易数据，例如，淘宝、京东上的数据；海量的交互数据，如微信等平台上产生的数据；以及海量的处理数据，例如物联网产生的数据。也正是在以云计算和人工智能为代表的技术创新发展的推动下，这些数据的采集和应用变得容易。

大数据采集是应用大数据的前提。大数据采集认知的知识准备由以下活动完成。

活动 1 认识大数据（Big Data）	
活动 2 了解大数据采集	

活动 1 认识大数据（Big Data）

1. 什么是大数据

大数据，或称海量数据，是指无法使用传统技术和常用软件工具在短时间内完成获取、处理和管理的数据集合。这样的数据集合数据量规模非常巨大，超出人类在可接受时间下的收集、使用、管理和处理能力。

与传统的关系型数据库相比，大数据具有丰富的结构。大数据结构通常分为三类：结构化、半结构化和非结构化。因此，大数据难以使用传统数据的处理和管理方式；它在数据获取、数据存储、数据管理和数据分析方面都大大超出了传统数据库软件工具处理范围。大数据与传统数据的比较见表 1-1。

表 1-1　大数据与传统数据比较

比　较　类　型	大　数　据	传　统　数　据
数据量（数量大）	TB→PB 以上	GB→TB
增长速度（高速）	持续实时生产数据	数据量相对稳定，增长缓慢
数据结构	半结构化、非结构化、多维数据	主要为结构化数据，如数据表
数据来源（数据多样化）	除传统数据源以外，还需要从社交系统、互联网系统及各种类型的机器设备上获取数据	数据源单一，主要从传统企业的客户关系管理系统、企业资源计划系统及相关业务系统中获取数据
数据处理	关系数据库、并行数据仓库	分布式数据库
应用领域	数据挖掘、预测分析	统计和报表
价值大小	大数据中有价值的数据所占比例很小	数据价值相对高
服务器系统安装	每个数据硬盘必须独立挂载，硬盘挂载到系统的独立的目录下	通常将多块数据硬盘制作成逻辑卷，逻辑上形成一个大硬盘

从表 1-1 可知，大数据的主要特征体现在以下几点。

1）数据量大（Volume）。数据量大指数据体量巨大，数据集合规模不断扩大，数量级已从 GB 到 TB，再到 PB，甚至以 EB 和 ZB 来计数。至今，人类生产的所有印刷材料的数据量是 200PB。未来 10 年，全球数据将增加 50 倍，数据大小决定数据的价值和信息。

2）数据多样化（Variety）。数据多样化指大数据的数据类型繁多，有结构化、半结构化和非结构化数据。半结构化和非结构化数据，包括传感器数据、网络日志、音频、视频、图片、地理信息等，占有量越来越大，已经远远超过传统的结构化数据。

3）数据产生快（Velocity）。数据的产生往往以数据流的形式动态快速产生，具有很强的时效性。例如，一天之内需要审查 500 万个潜在的毛衣欺诈按键；需要分析 5 亿条实时呼叫信息的详细记录，以预测客户的流失率。

4）数据价值密度低（Value）。数据总体价值巨大，但是价值密度低。例如，视频数据，在长达数小时连续不断的视频监控中，有用的数据可能仅仅只有一二秒。

大数据必须借由计算机对数据进行统计、比对、解析方能得出客观结果。

2．大数据的主要来源

大数据采集是大数据处理的基础。除传统数据源以外，大数据来源还包括从互联网、感知器设备中获得的数据。这主要得益于互联网、云计算等技术的发展，使得移动互联、社交网络、电子商务等不断拓展互联网的边界和应用范围。在这些领域中，各种数据迅速膨胀变大。如互联网中的社交、搜索、电商等数据，移动互联的微博、微信等数据，物联网中的各种传感器数据和智慧地球数据，如车联网、GPS、医学影像、安全监控、金融领域、电信等源源不断产生的数据。

一般来说，大数据的主要来源有以下几方面。

1）商业数据：商业数据主要指从企业 ERP 系统、各种商业系统产生的数据。

2）互联网数据：主要指互联网上产生的大量数据，比如网页内容、用户聊天记录等。

3）物联网数据：主要指利用各种感知器、射频识别器、红外线等技术获得的数据。如摄像头、制造业、手环、公共事业、农业等数据。

根据数据采集来源又可将数据分为线上行为数据与内容数据两大类。

1）线上行为数据：页面数据、交互数据、表单数据、会话数据等。行为数据采集一般借助网络爬虫或网站公开 API，从网页获取非结构化或半结构化数据，并将其统一结构化为本地数据。

2）内容数据：应用日志、电子文档、机器数据、语音数据、社交媒体数据等。内容数据采集包括实时文件采集和通过处理技术采集，如 Flume 技术采集，以及基于 ELK 的日志采集和增量采集等。

大数据结构包括结构化、半结构化和非结构化 3 个类型。其中，非结构化数据越来越成为主流数据。目前，企业中 80%的数据都是非结构化数据。

大数据主要来源组成如图 1-1 所示。

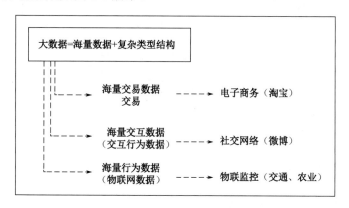

图 1-1　大数据主要来源组成

活动 2　了解大数据采集

1. 大数据采集概念

大数据采集（DAQ），又称数据获取，是指用户针对自己的需求从待采集目标中自动采集获取数据的过程，采集到的数据结构包括结构化、半结构化和非结构化数据。

完整的大数据平台一般包括数据采集、数据处理、数据存储、数据报表/分析/挖掘、数据可视化等。大数据处理技术如图 1-2 所示。其中，数据采集是数据处理的基础环节。

大数据处理技术（ETL）就是对分布式、异构数据源的不同种类和结构的数据进行提取、转换、加载操作。通过对采取到的数据进行清洗、转换、集成、规约等操作，最终挖掘数据的潜在价值。

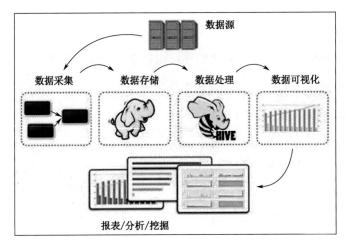

图 1-2　大数据处理技术

2. 大数据采集方法分类

根据数据源的不同，大数据采集方法也不相同，大数据采集方法主要有以下几大类。

1）系统日志采集

系统日志采集主要是收集公司业务平台日常产生的大量日志数据，供离线和在线的大数据分析系统使用。用于采集系统日志数据，如 Hadoop 的 Chukwa，Apache 的 Flume 等。这些工具均采用分布式架构，能满足每秒数百兆字节的日志数据采集和传输需求。

2）数据库采集

随着大数据时代的到来，Redis、MongoDB、HBase 和 NoSQL 数据库等常用于数据的采集。企业通过在数据采集端部署数据库来完成大数据采集工作。

传统企业会使用传统的关系型数据库 MySQL 和 Oracle 等来存储数据。

3）网络数据采集

网络数据采集是指通过网络爬虫或网站公开 API 等方式从网站上获取数据信息。网络数据采集方法可以将非结构化数据从网页中抽取出来，将其存储为统一的本地数据文件，并以结构化的方式存储。它支持图片、音频、视频等文件或附件的采集，附件与正文可以自动关联。

4）感知设备数据采集

感知设备数据采集是指通过传感器、摄像头和其他智能终端自动采集信号、图片或录像来获取数据。

大数据智能感知系统需要实现对结构化、半结构化、非结构化的海量数据的智能化识别、定位、跟踪、接入、传输、信号转换、监控、初步处理和管理等。

对于企业生产经营数据或科学研究数据等保密性要求较高的数据，可以通过与企业或研究机构合作，使用特定系统接口等相关方式采集数据。

⊚ 1.1.3　任务效果

1）请理解大数据的几大特点，举例列出大数据的不同来源。

2）列举生活中大数据的常见应用。

3）思考传统数据技术能否完成大数据采集和存储。

任务1.2　了解大数据采集平台

⊚ 1.2.1　任务描述

数据处理第一步需要获得大量数据才能完成后续数据处理工作，大量数据的获得离不开合适的数据采集平台，大多数数据采集平台都能实现高可靠和高扩展的数据采集功能，具有输入、输出和中间的缓冲架构。

由于数据来源、数据格式、数据存储方式等不同，不同的数据采集平台具有不同的优势，了解数据采集工具可以帮助用户选择不同的数据采集工具。本次任务主要是了解几大数据采集平台及其特点。

⊙ 1.2.2　知识准备

有数据来源才有数据采集，数据采集的主要目的是解决数据孤岛问题。不管是结构化的数据，还是非结构化的数据，在没有数据采集前，这些数据一般是分散存在，互相独立的。数据采集就是将这些零散的数据采集规整到数据仓库中，然后对这些数据进行综合分析和挖掘利用。

根据数据来源和类型的不同，数据采集工具大体有：系统文件日志采集平台、网络数据采集工具和应用程序接口采集工具。

1. 系统文件日志采集平台

互联网时代，许多企业平台每天都会产生大量的日志，并且数据类型一般为流式数据，如搜索引擎查询等，相应地出现了许多日志数据采集工具，多用于系统日志采集。这些工具均采用分布式架构，能满足每秒数百兆字节的日志数据采集和传输的需求。

比如，开源的日志收集系统 Scribe，可以从各种日志源上收集日志，存储到一个中央存储系统上，以便于进行集中的统计分析和处理。Scribe 为日志的"分布式收集、统一处理"提供了一个可扩展的、高容错的方案。

2. 网络数据采集工具

网络数据采集通常指通过网络爬虫或网站公开 API 等方式从网站上获取数据信息。一般是将网页中的非结构化数据抽取出来，以结构化的方式统一存储到本地数据文件中。网络数据采集同时支持图片、音频、视频等文件或附件的采集。

在互联网上，网络爬虫主要是为搜索引擎提供全面和最新的数据。网络爬虫工具可以分为以下 3 类。

- 分布式网络爬虫工具，如 Nutch。
- Java 网络爬虫工具，如 Crawler4j、WebMagic、WebCollector。
- 非 Java 网络爬虫工具，如 Scrapy（基于 Python 语言开发）。

3．应用程序接口采集工具

软件接口方式需要对被采集的软件系统的业务流程及数据库相关的结构设计等非常了解，同时，需要通过编码才能实现数据的采集工作，具有专用型的特点。

⊙ 1.2.3 任务实施

本次任务由 3 个活动组成，主要是熟悉日志采集工具和网页数据采集工具，重点熟悉 Flume 日志采集工具和网页数据采集工具 Scrapy。

活动 1 认识 Apache Flume 系统日志采集工具及特点	
活动 2 认识 Logstash 系统采集平台及特点	
活动 3 认识 Scrapy 网页数据采集工具及特点	
活动 4 认识八爪鱼采集器及特点	

活动 1 认识 Apache Flume 系统日志采集工具及特点

系统日志采集工具一般采用分布式架构设计，比较有影响的有 Hadoop 的 Chukwa，Apache 的 Flume，Facebook（2021 年 10 月 28 日，更名为 Meta）的 Scribe 和 LinkedIn 的 Kafka 等。

Chukwa 是 Hadoop 的一个开源项目，具有诸多 Hadoop 组件（用 HDFS 存储，用 MapReduce 处理数据），提供多种模块以支持 Hadoop 集群日志分析，主要架构有 Adaptor，Agent 和 Collector。

Kafka 主要是开源消息发布订阅系统，采用 Scala 语言编写和多种效率优化机制，适合异构集群。

Scribe 也是一款开源日志收集系统，主要在 Facebook 内部大量使用，它能够从各种日志源上收集日志，存储到一个中央存储系统（可以是 NFS，也可以是分布式文件系统等），以便于进行集中统计和分析处理。它最重要的特点是容错性好，当后端的存储系统崩溃时，Scribe 会将数据写到本地磁盘上。当存储系统恢复正常后，Scribe 将日志重新加载到存储系统中。

Flume 是 Apache 旗下的一款开源、高可靠、高扩展、容易管理、支持客户扩展的数据采集系统。

1. Apache Flume 工具

Apache Flume 是一个分布式、高可靠和高可用的海量日志采集整合系统，支持各类数据采集源定义，用于收集、存储采集到的数据到一个集中的数据存储区域，是一种基于数据流技术的采集系统。

Apache Flume 起源于 Cloudera 软件公司开发的分布式日志收集系统，初始的发行版本称为 Flume OG（Original Generation），后来 Flume 被纳入 Apache 旗下，Cloudera Flume 也被称为 Apache Flume。

2. Apache Flume 组成架构

Apache Flume 是一个分布式的管道架构，在数据源和目的地之间由称为代理（Agent）的组件连接，如图 1-3 所示。

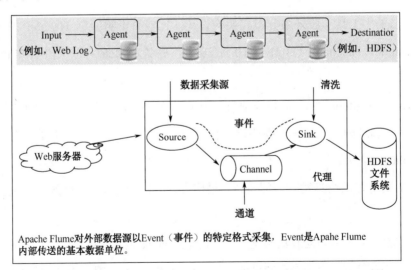

图 1-3　Apache Flume 架构

Apache Flume 运行的核心是 Agent。它是一个完整的数据收集工具，是一个独立的

Flume 进程，是 Flume 系统的核心内容，通常运行在日志采集点。Agent 主要包含 3 个核心组件 Source、Channel、Sink，如图 1-4 所示。

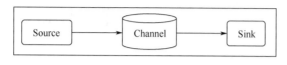

图 1-4　Agent 结构图

1）Flume Agent 组件：Apache Flume 的数据从 Source 流向 Channel，再到 Sink。Source 完成对日志数据的收集，通过 Transtion 和 Event 推送到 Channel 之中。

① Source：Source 负责从外部数据发生器接收数据，并将接收的数据封装成 Flume 的 Event 格式传递给一个或者多个 Channel。Source 支持接收多种类型的数据，比如 Netcat，Exec，Avro，Thrift，twitter 等。

② Channel：Channel 存储是 Agent 的核心组件之一。Channel 从 Source 接收数据，临时存放数据，然后发送给 Sink。Channel 类似于队列，是数据缓冲区，用于存储数据源已经接收到的数据。简单来说，就是对 Source 采集到的数据进行缓存，可以缓存在 Memory、File、JDBC、Kafka 等中。

③ Sink：Agent 的核心组件之一，用于把数据发送到给定目标。目标可以是下一个 Agent，或者最终目的地。Sink 支持的目的地种类有 HDFS、Hive、HBase、ES、Kafka、Logger、File 等。

2）Event：Apache Flume 传输的数据的基本单位是 Event，这也是事务的基本单位。如果数据是文本文件，通常是一行记录。Event 代表着一个数据流的最小完整单元，来源于外部数据源，终止于外部目的地。

Event 由 Agent 中数据源（Source）生成，是 Apache Flume 要传递的消息数据，也称为数据单元。Apache Flume 中的数据流由 Event 贯穿始终。它携带日志数据（字节数组形式）。一个 Event 由标题和正文组成，标题格式是键/值映射，正文内容是任意字节数组，如图 1-5 所示。

（a）Flume Event 内容　　　　　　　　（b）Flume Event 示意图

图 1-5　Flume Event 组成

当数据源（Source）捕获 Event 后会进行特定的格式化。然后，Source 会把 Event 推入（单个或多个）Channel 中。可以把 Channel 看作一个缓冲区，它将保存 Event 直到 Sink 处理完该事件。Sink 负责持久化日志或者把事件推送给另一个 Source 或目的地。

3．Apache Flume 特点

Apache Flume 的特点见表 1-2。

表 1-2　Apache Flume 的特点

特　点	说　明	类　型
高可靠性	当节点出现故障时，日志能够被传送到其他节点，而不会丢失	1. end-to-end 2. Store on failure 3. Best effort
可扩展性	Flume 采用了 3 层架构，分别为 Agent，Collector 和 Storage，每一层均可以水平扩展	
可管理性	Flume 保证配置数据的一致性、高可用性。同时，多 Master 可以管理大量节点	

4．活动成效

本次活动后，能了解 Apache Flume 系统结构。

1）Apache Flume 核心 Agent 的组件。

2）Apache Flume 事件和数据流概念。

3）Apache Flume 组件的功能和作用。

活动2　认识 Logstash 系统采集平台及特点

1．Logstash 数据采集平台

Logstash 是一款开源数据收集引擎,是著名的开源数据栈 ELK(ElasticSearch, Logstash, Kibana)之一。Logstash 作为数据源与数据存储分析工具之间的桥梁,结合 ElasticSearch 及 Kibana,能够很方便地处理与分析数据。

Logstash 可以提供多个插件,接受各种各样的数据,包括日志、网络请求、关系型数据库、传感器或物联网数据等,具备实时数据传输能力,负责将数据信息从管道的输入端传输到管道的输出端。

Logstash 是基于 JRuby 实现的,可以跨平台运行在 JVM 上,采用模块化设计,具有很强的扩展性和互操作性。

2．Logstash 工作原理

Logstash 通过管道进行数据采集工作,管道有两个必需的元素:输入和输出,还有一个可选的元素:过滤器。输入插件从数据源获取数据,过滤器插件根据用户指定的数据格式修改数据,输出插件将数据写入目的地。Logstash 工作流程如图 1-6 所示。

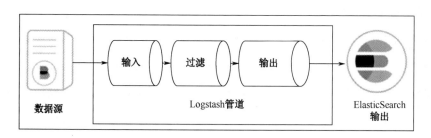

图 1-6　Logstash 工作流程

1)工作原理

Logstash 管道引擎主要包括输入、过滤、输出三部分。另外,在输入和输出中,可以使用编解码器对数据格式进行处理。各部分均以插件形式存在,由多个插件配合工作。由

于这种插件式的组织方式，使得 Logstash 变得易于扩展和定制。

用户通过定义管道（Pipeline）配置文件，设置需要使用的输入插件、过滤器插件、输出插件、编解码器，以实现特定的数据采集、数据处理、数据输出等功能。Logstash 管道引擎插件如图 1-7 所示。

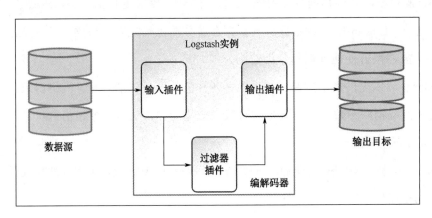

图 1-7　Logstash 管道引擎插件

① 输入插件：用于从数据源获取数据并发送给 Logstash，常见的输入插件如 file, syslog, redis, beats 等。

② 过滤器插件：用于处理数据格式转换、数据派生等，常见的过滤器插件有 grok, mutate, drop, clone, geoip 等。

③ 输出插件：用于数据输出，是 Logstash 管道的最后一个阶段。管道中的事件可以经过多个输出接收端。常见的输出插件有 ElasticSearch, file, graphite, statsd 等。

④ 编解码器：编解码器不是一个单独的过程，而是在输入和输出等插件中用于数据转换的模块，使用编解码器可以轻松地分割已经被序列化的数据，用于对数据进行编解码处理，常见的插件有 json, multiline 等。

一个典型的 Logstash 配置包括输入配置、输出配置、过滤器配置，如图 1-8 所示。

```
input {
  file {
    type => "apache-access"
    path => "/var/log/apache2/other_vhosts_access.log"
  }

  file {                                    ① 输入配置
    type => "apache-error"
    path => "/var/log/apache2/error.log"
  }
}

filter {
  grok {
    match => { "message" => "%{COMBINEDAPACHELOG}" }
  }
  date {
  match => [ "timestamp" , "dd/MMM/yyyy:HH:mm:ss Z" ]
  }                    ② 过滤器配置
}

output {
  stdout { }
  redis {
    host => "192.168.1.200"
    data_type => "list"
    key => "logstash"
  }                           ③ 输出配置
}
```

图 1-8　Logstash 典型配置

2）执行过程

在 Logstash 实例中，包括 3 个处理阶段：输入（input）→过滤（filter）（不是必须的）→输出（output）。Logstash 通过管道方式协调输入、过滤器和输出组件的执行。

① 输入启动一个线程，从对应数据源获取数据。

② 输入线程将数据写入一个队列（默认为内存中的有界队列，此队列如果意外停止将导致数据丢失）。为了防止数据丢失，Logstash 提供以下两个功能：

● Persistent Queues：通过磁盘上的 Queue 来防止数据丢失；

● Dead Letter Queues：保存无法处理的 Event（仅支持 ElasticSearch 作为输出源）。

③ Logstash 会有多个管道工作器（Pipeline Worker）。每一个管道工作器会从队列中取一批数据，然后执行过滤操作和输出数据（工作器数目及每次处理的数据量由配置确定）。

3．Flume 与 Logstash 比较

Flume 和 Logstash 是常用的用于日志数据采集的平台。如果数据系统是 ElasticSearch，Logstash 也许是首选，因为 ELK 栈提供了很好的集成。Flume 与 Logstash 的比较如表 1-3 所示。

表1-3　Flume 与 Logstash 的比较

	Logstash	Flume
实现语言	JRuby	Java
输入	Kafak、文件、Redis 等	Kafak、Netcat、syslog
输出	Kafak、es 等	HDFS、Kafak、es 等
可靠性	一般	提供 3 种级别的可靠性保证
数据吞吐性能	一般	好
可扩展性	好	好

Flume 和 Logstash 平台都采用了输入、输出和中间缓冲的架构，利用分布式的网络连接，在一定程度上保证了平台扩展性和高可靠性。

4．活动效果评价

1）画出 Logstash 工作框架图。

2）写出典型的 Logstash 的配置。

3）请动手查阅资料，解释 Logstash 如何通过管道方式协调输入、过滤器和输出组件的执行？

活动 3　认识 Scrapy 网页数据采集工具及特点

网页数据采集通常指通过网络爬虫或网站公开的 API 从网站上获取数据信息。将非结构化数据从网页中抽取出来，存储为统一的本地数据文件，并以结构化的方式存储。网页数据采集支持图片、音频、视频等文件或附件的采集。

一个网页的内容实质上是一个 HTML 文本，爬取网页内容主要是根据网页 URL 下载

网页内容。当一个网页下载后，对网页内容进行分析，并提取需要的数据。同时，将数据以某种格式如 csv 或 josn 形式写入文件，或保存到数据库（如 MySQL，MongoDB 等）。

如果需要的数据分布在多个网页上，就需要从相关网页中将其他网页的链接提取出来，再度链接网页进行数据爬取和链接提取。

1．Scrapy 工具

Scrapy 工具是为爬取和提取网页结构性数据而编写的，是基于 Python 实现的开源和协作式 Web 抓取工具，主要应用在包括数据挖掘、信息处理或历史数据存储等程序中。

Scrapy 工具有运行速度快、操作简单、可扩展性强的特点，是通用爬虫工具。

2．Scrapy 架构

Scrapy 的整体架构由 Scrapy 引擎（Scrapy Engine）、调度器（Scheduler）、下载器（Downloader）、爬虫（Spiders）和实体管道（Item Pipeline）5 个组件组成。Scrapy 架构图如图 1-9 所示。

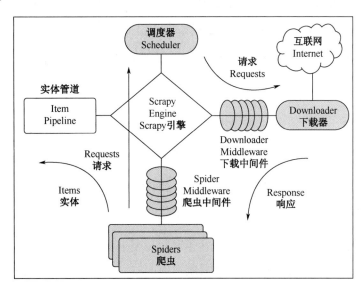

图 1-9　Scrapy 架构图

从图 1-9 可知，Scrapy 架构主要由不同组件组成，各组件名称和作用如表 1-4 所示。

表1-4　Scrapy 组件名称与作用

组　件	作　用
Scrapy Engine（引擎）	整个系统的核心，负责控制数据在整个组件中的通信
Scheduler（调度器）	管理 Request（请求）的出入栈，去除重复的请求，以便在后期需要的时候提交给 Scrapy 引擎
Downloader（下载器）	负责获取页面数据，并通过 Scrapy 引擎提供给网络爬虫
Spiders（爬虫）	Scrapy 用户编写的用于分析结果并提取数据项或跟进的 URL 的类。每个爬虫负责处理一个（或者一组）特定网站
ItemPipeline（实体管道）	负责处理被爬虫提取出来的数据项，并进行后期处理。典型的处理有清理、验证及持久化
Downloader Middleware（下载器中间件）	是引擎和下载器之间的特定接口，处理下载器传递给引擎的结果。通过插入自定义代码来扩展下载器的功能
Spider Middleware（爬虫中间件）	是引擎和爬虫之间的特定接口，用来处理爬虫的输入，并输出数据项。通过插入自定义代码来扩展爬虫的功能

Scrapy 组件在 Scrapy 引擎的组织下，共同完成爬取任务。图 1-9 架构中箭头的方向是数据流动方向，从初始 URL 开始，调度将请求交于下载器下载，下载完成后交于爬虫进行分析，分析结果将决定数据方向。如果结果是需要保存的数据，将送到实体管道，后面将被用于数据后期处理；如果结果是需要进行下一步爬取的地址，将会被回传给调度器进行数据爬取。

3．Scrapy 运作流程

Scrapy 中的数据流由 Scrapy 引擎控制，整体流程如下。

1）Scrapy 引擎打开一个网站，找到处理该网站的爬虫，并询问爬虫第一次要爬取的 URL。

2）Scrapy 引擎从爬虫中获取第一次要爬取的 URL，并以 Request 方式发送给调度器。

3）Scrapy 引擎向调度器请求下一个要爬取的 URL。

4）调度器返回下一个要爬取的 URL 给 Scrapy 引擎，Scrapy 引擎将 URL 通过下载器中间件转发给下载器。

5）下载器下载给定的网页。下载完毕后，生成一个该页面的结果，并将其通过下载器中间件发送给 Scrapy 引擎。

6）Scrapy 引擎从下载器中接收下载结果，并通过爬虫中间件发送给爬虫进行处理。

7）爬虫对结果进行处理，并返回爬取到的数据项及需要跟进的新的 URL 给 Scrapy 引擎。

8）Scrapy 引擎将爬取到的数据项发送给实体管道，将爬虫生成的新的请求发送给调度器。

9）从步骤 2）开始重复，直到调度器中没有更多的请求，Scrapy 引擎才关闭该网站。

活动 4　认识八爪鱼采集器及特点

八爪鱼是不用代码采集网页内容的一款通用网页数据采集器，可以简单、快速地将网页数据转化为结构化数据，如存储为 Excel 或数据库等文件数据格式，采集网页上的各种数据，提供基于云计算的大数据采集解决方案。

八爪鱼采集器主要是通过浏览器，模拟人浏览网页的行为、复制数据等操作过程（如打开网页，单击网页中的某个按钮等操作），借助简单的工作流程设计，自动对网页内容进行采集。

1. 采集模式

八爪鱼采集器提供了不同的采集模式，用户可以根据需求选择不同的采集模式。

1）简易模式

简易模式就是八爪鱼采集器已经内置了国内一些主流网站的采集规则。如果要采集的网站和字段在简易模式的模板中，可直接调用，如图 1-10 所示。

简易模式下也可自定义修改参数，调整采集规则，采集所需数据。

2）向导模式

向导模式是通过简单易懂的语言，指引用户熟悉网页结构，了解八爪鱼采集流程。通过向导模式，可明白规则配置的方法和八爪鱼采集器的采集思路。

图 1-10　八爪鱼采集器内置采集规则

3）智能模式

在智能模式下，只需要输入网址，单击搜索，八爪鱼采集器便会自动采集网页数据，并以表格形式呈现出来。可以进行删除或修改字段、翻页、数据导出等操作，以 Excel 格式导出。

在智能模式下，还可以通过输入关键词搜索数据。比如搜索"招聘"，单击查询，跳转到招聘模板。用户可以选择获取数据的规则放到八爪鱼采集器中运行，以获取想要的数据。

2．采集方式

八爪鱼采集器为数据采集提供了不同的采集方式，主要有本地采集、云采集等方式。

1）本地采集

本地采集也称单机采集。本地采集（单机采集），是用自己的电脑进行采集的。本地采集可以实现大多数网页数据的爬取，在采集过程中可以对数据进行初步清洗。如使用八爪鱼采集器自带的正则工具，利用正则表达式将数据格式化，在数据源头实现去除空格、筛选日期等多种操作。

其次，八爪鱼采集器还提供分支判断功能，对网页中信息进行是与否的逻辑判断，实现用户筛选需求。

2）云采集

云采集是八爪鱼采集器提供的一种云服务集群对数据进行的采集，这种方式不占用本地电脑资源。当规则配置好之后，启动云采集，采集任务便可以在云端自行采集。

云采集提供的功能有定时采集、实时监控、数据自动去重并入库、增量采集、自动识别验证码、API 接口多元化导出数据等。

云采集方式可以利用云端多节点并发运行，采集速度将远超于本地采集（单机采集）。

3. 活动成效

1）查阅 Scrapy 相关资料，简述 Scrapy 与 Python 的关系。

2）了解 Scrapy 各组件的功能和作用。

3）熟悉网页工作原理。

⊚ 1.2.4 任务效果

1．认识数据采集平台。

2．查阅 Apache Flume 采集平台处理流程。

3．结合 HTML、Python 知识，熟悉 Scrapy 处理流程。

任务 1.3 认识大数据预处理

⊚ 1.3.1 任务描述

当通过各种数据采集方法采集到数据后，这些数据通常包含不必要的数据或者不完整、不一致的脏数据，无法直接使用，需要对数据进行预处理。本次任务是认识大数据预处理的主要过程及目标。

⊛ 1.3.2　知识准备

数据预处理是指在对数据进行数据挖掘和存储之前，先对原始数据进行必要的清洗、集成、转换、离散和规约等一系列处理工作，达到使用数据挖掘算法进行知识获取研究要求的最低规范和标准。数据预处理是进行数据挖掘和利用之前很重要的一环。

从现实生活中采集到的数据由于各种原因，会出现数据不完整、数据类型不一致、数据冗余和数据模糊等现象，这种数据一般称为"脏"数据。这样的数据很少能直接满足数据应用要求。另外，海量的数据中无意义的成分很多，严重影响了数据应用执行效率，造成数据效果偏差。因此，需要对不理想的原始数据进行有效预处理。数据预处理技术可以提高数据质量，有助于提高数据处理任务的准确率和效率，已经成为大数据处理技术中很重要的一步。

数据预处理的基本任务主要包括数据清洗（Data Cleaning）、数据集成（Data Integration）、数据规约（Data Reduction）和数据转换（Data Transformation），如图 1-11 所示。

图 1-11　数据预处理基本任务

⊛ 1.3.3　任务实施

本任务由以下活动完成。

活动 1　了解数据清洗（Data Cleaning）内容	
活动 2　了解数据集成（Data Integration）内容	
活动 3　了解数据规约（Data Reduction）方式	
活动 4　了解数据转换（Data Transformation）方式	

活动1 了解数据清洗（Data Cleaning）内容

数据清洗主要是将不同来源、不同数据格式或模式的数据按照一定的规则发现并纠正数据文件中可识别的错误，包括检查数据一致性，处理无效值和缺失值等，并对无效数据和缺失数据进行处理的过程。

数据清洗是数据预处理过程中很重要的一步。数据清洗可以有效避免学习过程中可能出现的相互矛盾的情况。数据清洗的目的不只是要消除错误、冗余和数据噪音，其目的是要使按不同的、不兼容的规则所得的各种数据集一致化。数据清洗处理过程通常包括填补遗漏的数据值，平滑有噪声数据，识别或除去异常值，以及解决不一致问题。

需要数据清洗的数据类型主要有不完整数据、错误数据、重复数据3大类。

1）不完整数据：顾名思义就是数据有缺失，数据不完整，比如一条数据表中的某条记录，其中有几个字段的内容缺失，这条记录就是不完整数据记录，如图1-12所示。

	学年学期	课程编号	课程名称	学分	课程属性	班级名称	负责系部	
3								
4	2019-2020-2	1801286	大数据编程基础	5	必修	大数据编程基础_重修	大数据研究中心	
5	2019-2020-2				必修	大数据编程基础_重修	大数据研究中心	
6	2019-2020-2	61030020	大数据编程基础（Python）	4	必修	大数据编程基础（Python）重修	大数据研究中心	数据缺失，记录不完整
7			大数据编程实训	2	必修	大数据编程实训_重修	大数据研究中心	
8	2019-2020-2	61030057	数据预处理	4	必修	大数据1802班	大数据研究中心	
9	2019-2020-2	61030057						

图1-12 不完整数据记录

2）错误数据：错误数据主要指数据类型和输入格式不正确，比如数值数据在采集过程中数字字符及日期格式不正确等。错误数据示例如图1-13所示。

3）重复数据：在相同的文件中，重复收集相同的数据条目，比如数据库中重复出现相同记录等。

数据清洗的主要方法是通过填补缺失值，删除缺失项，光滑噪声数据，平滑或删除离群点，解决数据的不一致性问题。

学号	姓名	语文	数学	
2020001.1	王晓玲	92	90	数据类型错误
2020002	张明	91	89	
2020003	孙丽	96	171	数值错误
2020004	刘丹	89	91	
2020005	梅林	99	94	
2020010	张扬	81	85	

图 1-13　错误数据示例

活动 2　了解数据集成（Data Integration）内容

数据集成（Data Integration）是将不同来源格式、特点性质的数据在逻辑上或物理上有机地整合在一个数据集中，形成一致的数据存储过程。通过综合数据源，将拥有不同结构、不同属性的数据整合在一起，对外提供统一的访问接口，实现数据共享。数据集成模式如图 1-14 所示。

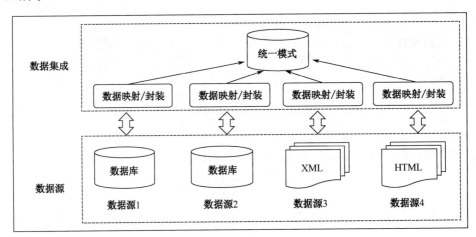

图 1-14　数据集成模式

例如，许多互联网应用（包括机票、酒店、餐饮、租房、商品比价等服务）就是将来自不同数据源的数据进行有效集成，对外提供统一的访问服务。

1. 数据源的差异性

数据集成要解决的首要问题是各个数据源之间的差异性。数据源之间的差异性如表 1-5 所示。

表1-5　数据源之间的差异性

序　号	差异性表现
1	数据管理系统的差异性，如需要将来源于 MySQL 数据库和 SQL Server 数据库的数据进行集成
2	通信协议差异性
3	数据模式差异性，包括使用二维表格模式或者网状数据模式等
4	数据类型差异性，如同样是存储学生期末成绩字段，在一个数据源中存为 Integer 整型，在另一个数据源中存为 Float 型
5	取值的差异性，如学生期末成绩数值型字段，一个数据源取值范围在 0 和 150 之间，另一个数据源取值范围在 0 和 100 之间
6	语义差异性，如两个数据源中都有相同字段名"Score"，表示成绩，但一个数据源的"Score"表示期末成绩，而另一个数据源的"Score"表示最终的综合成绩；或者同样语义为期末成绩，一个数据源使用字段名"Score"表示期末成绩，另一个数据源使用字段名"FinalScore"表示期末成绩

2. 数据集成模式

数据集成模式主要有 3 种，分别是联邦数据库（Federated Database）、数据仓库（Data Warehousing）、中介者（Mediation）。

1）联邦数据库

联邦数据库就是各数据源自治，没有全局数据模式。各个数据节点源使用的数据模式相互不受影响，如图 1-15 所示。

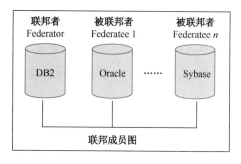

图 1-15　联邦数据库模式图

联邦数据库是简单的数据集成模式。它需要软件在每对数据源之间创建映射（Mapping）和转换（Transform）。该软件称为包装器（Wrapper）。当数据源 X 需要和数据源 Y 进行通信和数据集成时，才需要建立 X 和 Y 之间的包装器。联邦数据库数据集成方式如图 1-16 所示。

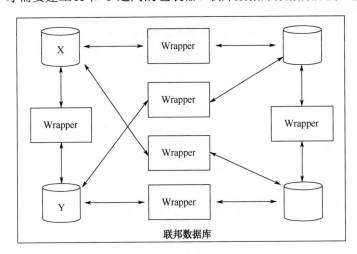

图 1-16　联邦数据库数据集成方式

当有很多的数据源仅仅需要在少数几个数据源之间进行通信和集成时，联邦数据库是比较适宜的模式。但是如果我们需要在很多数据源之间进行通信和数据交换时，就需要建立大量的 Wrapper。例如，在 n 个数据源的情况下，最多需要建立 $(n(n-1))/2$ 个 Wrapper，这将是非常繁重的工作。如果有数据源发生变化，需要修改映射和转换机制，对大量的 Wrapper 进行更新很困难。

2）数据仓库

数据仓库是通用的一种数据集成模式。在数据仓库模式中，会从各个数据源拷贝数据，经过转换，存储到一个目标数据库中。数据仓库模式图如图 1-17 所示。

从各数据源收集数据后，会通过 ETL 完成数据仓库集成。

ETL 是 Extract（抽取）、Transform（转换）、Load（装载）的缩写。ETL 过程在数据仓库之外完成。数据仓库负责存储数据，以备查询。

① 抽取：将数据从原始的数据业务中读取出来。

② 转换：按照预先设计好的规格将抽取的数据进行转换、清洗，以及冗余处理，将有

差异的数据格式统一处理。

③ 装载：将转换完成的数据按计划增量或全部导入数据仓库中。

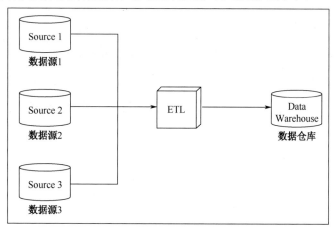

图 1-17　数据仓库模式图

在数据仓库模式下，数据集成过程是一个 ETL 过程。它需要解决各个数据源之间的异构性和不一致性。同时，同样的数据被复制了两份：一份在数据源里；一份在数据仓库里。

3）中介者

数据集成的中介者模式，如图 1-18 所示：

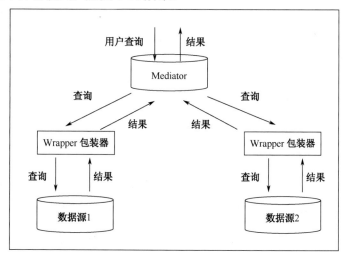

图 1-18　中介者模式图

中介者（Mediator）扮演的是数据源的虚拟视图（Virtual View）的角色。中介者本身不保存数据，数据仍然保存在数据源中。中介者维护一个虚拟的数据模式（Virtual Schema），它把各个数据源的数据模式组合起来。

数据映射和传输在查询时刻（Query Time）才真正发生。

当用户提交查询时，查询被转换成对各个数据源的若干查询。这些查询分别发送到各个数据源，由各个数据源执行这些查询，并返回结果。各个数据源返回的结果经合并后，返回给最终用户。

3．活动效果评价

本次活动有助于读者了解以下知识。

1）数据集成的主要模式有联邦数据库（Federated Database）、数据仓库（Data Warehousing）、中介者（Mediation）。

2）数据集成的主要目的是解决数据差异性。

活动3　了解数据规约（Data Reduction）方式

数据规约用于帮助从原有庞大数据集中获得一个精简的数据集合，并使精简后的数据集保持原有数据集的完整性，提高数据挖掘效率。同时，使用数据规约的挖掘效果与使用原有数据所获得的结果基本相同。

例如，一个公司的数据仓库有非常庞大的数据集，在这样的海量数据集上进行复杂的数据分析和挖掘将花费很长时间，通常也不可行，而数据规约在尽可能保持数据原貌的前提下，可以最大限度地精简数据量。

数据规约主要通过数值聚集、删除冗余特性的办法压缩数据，提高挖掘模式的质量，降低时间复杂度，得到数据集的规约。在尽可能保持数据原貌的前提下，最大限度地精简数据量。虽然规约数据体量小，但仍可以大致保持原始数据的完整性。这样，在规约后的数据集上挖掘会更有效，并可以产生相同（或几乎相同）的分析结果。

数据规约的途径主要有属性选择和数据采样，分别对数据中的属性和记录进行规约。数据规约方法类似数据集的压缩，它通过减少维度或者减少数据量，来达到降低数据规模的目的。主要方法如下。

1）维度规约（Dimensionality Reduction）：减少所需自变量的个数，通过删除不相干的额外属性和维数减少数据量。代表方法为 WT、PCA 与 FSS。

2）数量规约（Numerosity Reduction）：使用较小的数据替换原始数据。数值规约分为有参方法和无参方法。

① 有参方法使用一个参数模型估计数据，最后只要存储参数即可。常用技术有线性回归方法、多元回归方法、对数线性模型等。

② 无参方法代表有对数线性回归、聚类、抽样等。

3）数据压缩：通过使用数据编码或变换方式，得到原始数据的压缩结果。数据压缩（Data Compression）类型分为无损压缩与有损压缩。典型的有字符串压缩和音频/视频压缩。

① 字符串压缩通常指无损压缩。在解压缩前，对字符串的操作非常有限；字符串压缩具有广泛的理论基础和成熟的算法。

② 音频/视频压缩通常指有损压缩。主要方法有小波变换和主要成分分析。

活动4　数据转换（Data Transformation）方式

数据转换就是将数据转换或归并以构成一个适合数据挖掘的描述形式。数据转换包括对数据进行规范化、离散化、稀疏化处理，达到适用于挖掘的目的。例如，将属性数据按比例缩放，使之落入一个比较小的特定区间。比如将以下数据按照一定比例缩小100 倍。

$$\textbf{数据转换}\quad 15, 20, 50, 75 \xrightarrow{\ f\ } 0.15, 0.2, 0.5, 0.75$$

数据转换的一般方法如表 1-6 所示。

表1-6　数据转换的一般方法

序　号	方　法	作　用	示　例
1	平滑处理	除去数据中的噪声，主要方法有 Bin、聚类和回归	在采集的数据中出现干扰数据
2	合计处理	对数据进行总结或合计操作	将每天的销售收入合计到一个月的销售数据中
3	数据泛化处理	将低层次或数据层的数据抽象为更高层次的数据对象	将成绩抽象映射成优、良、中、及格等
4	规格化处理	将有关属性数据按比例投射到特定的小范围之中	将工资收入映射到0~1范围
5	属性构造处理	对已有属性集构造新的属性	在成绩表中，根据已有各科成绩增加总成绩属性或平均成绩属性等

在数据转换中，常用的方法有平滑处理、规格化处理、合计处理等。规格化处理有最大最小规格化方法、零均值规格化方法、十基数变换规格化方法。

1. 最大最小规格化方法

利用最大最小规格化方法将表1-7中某月商品销售额属性的值映射到0到1范围内。

表1-7　某月商品销售表

类　别	客 户 ID	客 户 名 称	销售额（万元）
设备	曾惠–14485	曾惠	3 856
设备	许安–10165	许安	1 236
设备	宋良–17170	宋良	5 798
设备	万兰–15730	万兰	4 356
设备	俞明–18325	俞明	3 312
设备	谢雯–21700	谢雯	3 401
设备	康青–19585	康青	5 690
设备	赵婵–10885	赵婵	2 781
设备	刘斯–20965	刘斯云	6 781
设备	白鹊–14050	白鹊	6 752
设备	贾彩–10600	贾彩	1 106

1）确定表1-7中销售额属性的最大值和最小值分别是6 781万元和1 106万元。计算公式定义为（待转换属性值-属性最小值）/（属性最大值-属性最小值）×（映射区间最大

值-映射区间最小值)+映射区间最小值。例如,对客户 ID 为曾惠的销售额计算公式如下:

$$(3\ 856-1\ 106)/(6\ 781-1\ 106)\times(1-0)+0=0.48$$

2)依次类推,通过最大最小规格化转化销售额数据结果,如表 1-8 所示。

表1-8 某月销售数据转换表

类　　别	客　户　ID	客　户　名　称	销售额(万元)	转　换　结　果
设备	曾惠-14485	曾惠	3 856	0.46
设备	许安-10165	许安	1 236	0.02
设备	宋良-17170	宋良	5 798	0.83
设备	万兰-15730	万兰	4 356	0.57
设备	俞明-18325	俞明	3 312	0.39
设备	谢雯-21700	谢雯	3 401	0.40
设备	康青-19585	康青	5 690	0.81
设备	赵婵-10885	赵婵	2 781	0.30
设备	刘斯-20965	刘斯云	6 781	1.0
设备	白鹄-14050	白鹄	6 752	0.99
设备	贾彩-10600	贾彩	1 106	0

3)通过最大最小规格化处理后,将需要处理的销售额数据转换成 0 到 1 之间的数据。

2. 零均值规格化方法

零均值规格化方法是指根据某个属性的平均值和平方差来对该属性的值进行规格化处理。计算公式为(待转换属性值-属性平均值)/属性标准差。

数据示例表如表 1-9 所示。

表1-9 数据示例表

属　性　1	属　性　2	属　性　3	属　性　4
78	521	602	2 863
144	−600	−521	2 245
95	−457	468	−1 283
69	596	695	1 054
190	527	691	2 051
101	403	470	2 487
146	413	435	2 571

1）计算各属性均值：属性均值计算公式如下。

$$M = \frac{\sum_1^n x_i}{n}$$

例如，属性 1 的平均值计算结果是 177.571 4。

$$M = \frac{78+144+95+69+190+101+146}{7} = 177.571 4$$

这样计算得到的各属性平均值如表 1-10 所示。

表 1-10 各属性平均值

属性 1 平均值	属性 2 平均值	属性 3 平均值	属性 4 平均值
177.571 4	200.428 6	405.714 3	1 712.571

2）计算各属性的属性标准差：属性标准差在数学上定义为方差的平方根公式。

$$S = \sqrt{\frac{\sum_{i=1}^n (x_i - M)^2}{n-1}}$$

例如，属性 1 的属性标准差计算结果是

$$s = \sqrt{\frac{(78-177.571 4)^2 + (144-177.571 4)^2 + \ldots + (146-177.571 4)^2}{6}} = 43.706 815 42$$

同理，各属性标准差如表 1-11 所示。

表 1-11 各属性标准差

属性 1 标准差	属性 2 标准差	属性 3 标准差	属性 4 标准差
43.706 815 42	504.151 4	477.190 9	1441.371 09

3）根据规格化公式：（待转换属性值-属性平均值）/属性标准差，计算属性值。

如属性 1 第一个值为 78，根据公式（78-177.571 4）/43.706 815 42= -0.905 383，依次计算最终转换结果，如表 1-12 所示。

表 1-12 数据转换结果表

属 性 1	属 性 2	属 性 3	属 性 4
-0.905 383	0.635 863	0.464 531	0.798 149
0.604 678	-1.587 675	-2.193 163	0.369 390
-0.516 428	-1.304 030	0.147 406	-2.078 279

续表

属 性 1	属 性 2	属 性 3	属 性 4
−1.111 301	0.784 628	0.684 625	−0.456 906
1.657 146	0.647 65	0.675 159	0.234 796
−0.379 150	0.401 807	0.152 139	0.537 286
0.650 438	0.421 642	0.069 308	0.595 564

3. 十基数变换规格化方法

十基数变换规格化方法是以十进制为基数，通过移动待转换属性值的小数点位置来实现规格化的目的。移动的小数位数取决于属性绝对值的最大值。

假设属性的取值范围是-869～693，则该属性绝对值的最大值为 869。属性的值为 354 时，对应的转换结果如下。

$$354/10^3=0.354$$

计算公式是待转换属性值$/10^i$。其中，i 为能够使该属性绝对值的最大值（869）小于 1 的最小值。

活动效果评价

通过这个活动，可以帮助读者了解以下信息。

1）数据转换常用的方法有平滑处理、规格化处理、合计处理等。

2）规格化处理方法有最大最小规格化方法、零均值规格化方法、十基数变换规格化方法。

3）了解最大最小规格化方法过程。

4）了解零均值规格化方法过程。

⊙ 1.3.4　任务效果

本次活动有助于读者学习以下知识。

1）理解数据预处理过程；

2）理解数据集成的含义；

3）了解数据转换常用方法；

4）了解数据规约主要目的。

任务 1.4　了解大数据预处理常用工具

⊙ 1.4.1　任务描述

选择一款合适的数据预处理工具对数据后期质量和效果有很大影响。数据预处理常用工具很多，根据原始数据需要，可选择相应的数据预处理工具。

目前，常用的数据清洗工具有 Microsoft Excel、Kettle、OpenRefine、DataWrangler 等，参见表 1-13。

表 1-13　常用数据清洗工具

工 具 名 称	使　　用	局　　限
Microsoft Excel	Excel 对手动数据输入和复制/粘贴操作特别有用。它有消除重复、查找、替换、拼写检查及使用转换数据的许多公式	不适用于大数据集
Kettle	一款开源的 ETL 工具，纯 Java 语言编写，可以在 Windows、Linux、Unix 上运行 可以将各种数据集合在一起，然后以一种指定的格式流出。具有可集成、可扩展、可复用、跨平台、高性能等优点	需要部署 JVM 环境
OpenRefine	一款开源工具，通过删除重复项、补充空白字段和其他错误来清理凌乱的数据	不适用于大型数据集
DataWrangler	由斯坦福大学可视化小组开发，主要用于数据清洗和重排数据	主要对电子表格数据适用

1. Microsoft Excel 工具

Microsoft Excel 是 Windows 环境下的电子表格软件，是 Office 成员之一。Microsoft Excel 不仅有强大的表格处理功能，还是一款简单好用的数据分析工具，其数据分析处理能力非常强大，适合进行数据处理，拥有强大的计算、分析、传输和共享功能，可以帮助用户将烦杂的数据转化为信息。

2．DataWrangler

DataWrangler 是一款由斯坦福大学开发的在线数据清洗、数据重组软件，主要用于去除无效数据，将数据整理成用户需要的格式等。DataWrangler 是基于网络的服务，用于清洗和重排数据，适用于电子表格等应用程序，而且编辑文本非常简单。

DataWrangler 是基于网络服务的。因此，需要将待处理的数据上传到网站。对于敏感的内部数据而言，DataWrangler 不是合适的选择。

3．OpenRefine

OpenRefine 前身是谷歌公司（Google）开发的数据清洗工具，在 2012 年被更名为OpenRefine，并开放源代码。

OpenRefine 是基于网络进行数据清洗的，可在浏览器中直接应用，其工作类似于传统Microsoft Excel 处理软件，但是以列和字段的方式工作（不是以单元格的方式工作的），是一款在数据清洗、数据转化方面非常有效的数据预处理工具。

4．Kettle

Kettle 是一款开源的由 Java 编写的 ETL 工具，可以运行在 Windows、Linux、Unix 等平台上。

Kettle 中文名为水壶，其主要思想是希望将各种数据放到一个壶里，处理完后以一种指定的格式输出。

Kettle 工具允许管理来自不同数据库或数据表格的数据，提供图形化的用户环境，描述如何处理数据。

⊛ 1.4.2　任务实施

本次任务由 2 个活动组成，主要目的是熟悉数据预处理工具。

活动 1　了解 Kettle 数据预处理工具	
互动 2　了解 OpenRefine 数据预处理工具	

活动 1　了解 Kettle 数据预处理工具

1. Kettle 简介

Kettle 是一个由 Java 编写的开源 ETL 工具，通过一个图形化的用户界面管理来自不同数据源的数据，可以简化数据仓库的创建、更新和维护。

Kettle 是一个组件化集成环境，主要包括以下组件。

1）Spoon：一个图形化界面工具（GUI 方式），允许用户通过图形界面设计任务（Job）和转换（Transformation）。

2）Pan：转换执行器，用于在终端执行转化，没有图形界面。

3）Kitchen：任务执行器，用于在终端执行任务，没有图形界面。

4）Carte：嵌入式 Web 服务，用于远程执行 Job 或 Transformation。Kettle 通过 Carte 建立集群。

5）Encr：Kettle 用于字符串加密的命令行工具，例如，对在任务或转换中定义的数据库连接参数进行加密。

Kettle 中有两种脚本文件：Transformation 和 Job。Transformation 完成针对数据的基础转换，Job 则完成整个工作流的控制。

2. Kettle 部署

Kettle 工具由纯 Java 编写。部署 Kettle 工具前，需要搭建好 Java 运行环境。

Kettle 的部署非常简单。Kettle 作为一个独立压缩包发布，将下载的 Kettle 压缩包解压到指定目录即可。下载完毕后，解压压缩包，在解压目录下，根据平台运送 Spoon 支持的脚本。如果是 Windows 平台，选择运行 Spoon.bat 文件，即可打开 Kettle；如果是 Linux、

Solaris 平台，选择 spoon.sh 脚本。解压后的部分 Kettle 文件如图 1-19 所示。

runSamples.sh	2019/6/11 22:52	SH 文件	2 KB
set-pentaho-env.bat	2019/6/11 22:52	Windows 批处理...	5 KB
set-pentaho-env.sh	2019/6/11 22:52	SH 文件	5 KB
Spark-app-builder.bat	2019/6/11 22:52	Windows 批处理...	2 KB
spark-app-builder.sh	2019/6/11 22:52	SH 文件	2 KB
Spoon.bat	2020/2/5 14:34	Windows 批处理...	5 KB
spoon.command	2019/6/11 22:52	COMMAND 文件	2 KB
spoon.ico	2019/6/11 22:52	ICO 文件	204 KB
spoon.png	2019/6/11 22:52	PNG 文件	1 KB
spoon.sh	2019/6/11 22:52	SH 文件	8 KB
SpoonConsole.bat	2019/6/11 22:52	Windows 批处理...	2 KB
SpoonDebug.bat	2019/6/11 22:52	Windows 批处理...	3 KB
SpoonDebug.sh	2019/6/11 22:52	SH 文件	2 KB
yarn.sh	2019/6/11 22:52	SH 文件	2 KB

图 1-19　解压后的部分 Kettle 文件

3. Kettle 组件

启动 Spoon 后，用户工作界面如图 1-20 所示。

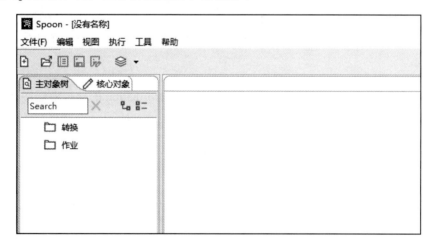

图 1-20　Spoon 用户工作界面

图 1-20 界面中，左边区域是选项菜单，右边空白部分是操作显示界面。杠启动时，没有操作对象。

1）转换：转换就是数据预处理过程。Kettle 默认转换文件保存后缀名为 ktr。

当定义一个转换后，在主对象树视图中将显示转换节点下的组件。转换组件树如图 1-21 所示。

图 1-21 转换组件树

① Run configurations：菜单列出的是一个转换中基本的属性，可以通过各个节点来查看具体内容。

② DB 连接：显示当前转换中的数据库连接，Transformation 的数据库连接都需要单独配置。

③ Steps（步骤）：转换中应用到的步骤环节列表。

④ Hops：转换中应用到的节点连接列表。

在核心对象视图下列出的是转换中可以调用的环节列表。转换环节对象树如图 1-22 所示。

通过鼠标拖动的方式能够将转换需要的环节添加到右边的操作界面中，从而完成转换。

2）作业：作业是多个转换、作业的集合。在作业中，可以对转换或作业进行调度。

图 1-22　转换环节对象树

活动 2　了解 OpenRefine 数据预处理工具

1．OpenRefine 是什么

OpenRefine 是 Metaweb 公司 2009 年发布的一个开源软件。项目的名称在 2010 年由谷歌收购后，从 Freebase Gridworks 改成了 Google Refine。2012 年，谷歌放弃了对 Google Refine 的支持，让它重新成为开源软件，名字也改成了 OpenRefine。

OpenRefine 是一款处理杂乱数据的强大工具，主要对 Excel、html 等结构型数据进行数据清洗、修正、分类、排序、筛选与整理，可以以数据库的形式进行列和字段的处理，功能强大，操作简单。

2. OpenRefine 部署

1）在 OpenRefine 官网 http://openrefine.org/download.html 下，获取 OpenRefine 所需的

软件安装包。OpenRefine 下载界面如图 1-23 所示。

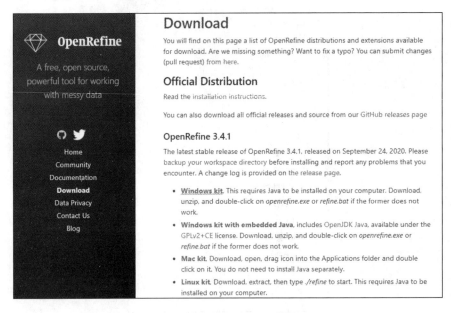

图 1-23　OpenRefine 下载界面

在 OpenRefine 下载界面中，为不同操作系统如 Windows 操作系统、Linux 操作系统或者 Mac 系统提供了不同的压缩包。用户可以根据自身环境选择不同的压缩包下载，例如，选择 Windows kit，则需要相应的 Java 环境，并且 Java 环境不支持高版本。如果没有 Java 环境，可以在下载 OpenRefine 时，选择 Windows kit with embedded Java（带 Java 环境的安装包）。当不需要 Java 环境时，安装更为简便。下载压缩包，对其进行解压，解压后双击 openrefine.exe 即可。

2）下载安装压缩包后，解压并运行目录下的 openrefine.exe 文件。OpenRefine 解压目录如图 1-24 所示。

提示

运行 openrefine.exe 文件前，必须确保你的电脑上有 Java 环境。如果没有 Java 环境，可以在下载 OpenRefine 时，选择带 Java 环境的压缩包。

名称	修改日期	类型	大小
licenses	2020/9/12 16:59	文件夹	
server	2020/9/24 15:09	文件夹	
webapp	2020/9/24 15:09	文件夹	
LICENSE.txt	2020/9/12 16:59	文本文档	2 KB
openrefine.exe	2020/9/24 15:08	应用程序	90 KB
openrefine.l4j.ini	2020/5/5 10:21	配置设置	1 KB
README.md	2020/9/24 14:57	iNote.md	3 KB
refine.bat	2020/9/12 16:59	Windows 批处理...	7 KB
refine.ini	2020/9/12 16:59	配置设置	2 KB

图 1-24 OpenRefine 解压目录

3）运行 openrefine.exe，将出现如图 1-25（a）所示启动页面。启动成功后，将自动弹出 OpenRefine 网页界面，如图 1-25（b）所示。

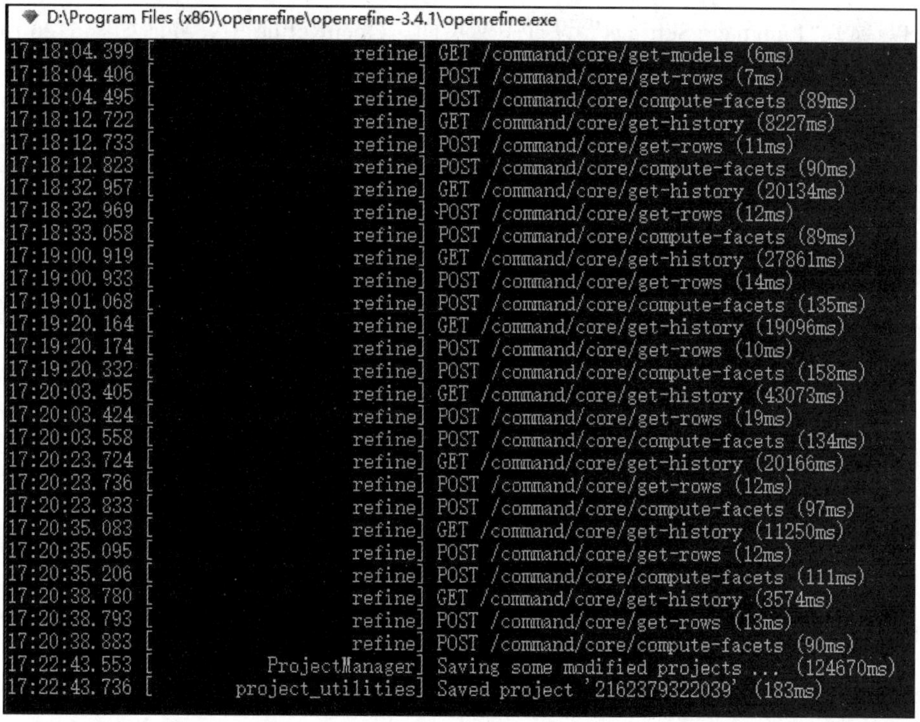

（a）OpenRefine 启动页面

图 1-25 OpenRefine 操作界面

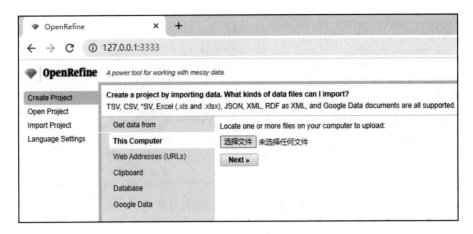

（b）OpenRefine 网页界面

图 1-25　OpenRefine 操作界面（续）

可以通过"Language Settings"设置中文页面。OpenRefine 中文界面如图 1-26 所示。

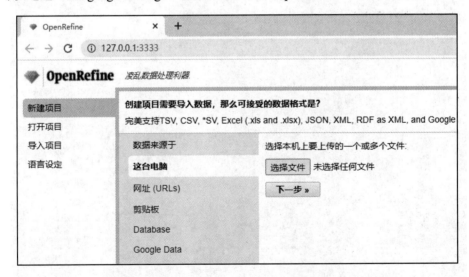

图 1-26　OpenRefine 中文界面

⊙ 1.4.3　任务效果

本次活动有助于读者学习以下知识。

1）数据预处理工具。

2）了解 Kettle 工具的主要功能和使用界面。

3）了解如何使用 OpenRefine 工具。

项目小结

1．学习大数据采集技术的概念。

2．学习大数据的主要特征。主要特征体现在数据量大（Volume）、数据多样化（Variety）、数据产生快（Velocity）、数据价值低（Value）。

3．大数据采集技术主要有数据库采集、网页数据采集、日志数据采集及感知器数据采集。

4．Apache Flume 系统基本架构如图 1-27 所示。

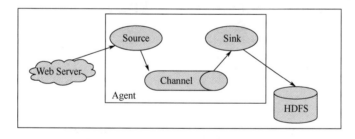

图 1-27　Apache Flume 系统基本架构

5．Apache Flume 系统核心角色是 Agent。Agent 本身是一个 Java 进程，一般运行在日志收集节点。

6．每个 Agent 包括 3 个组件：Source（数据源），Channel（数据缓冲管道）和 Sink（数据目的地）。

7．学习数据转换规格化方法过程。

习题

一、填空题

1. 大数据常用采集技术包括数据库采集、（　　　）、（　　　）和感知器数据采集。

2. 常用的大数据采集工具有（　　　）、（　　　）。

3. Apache Flume 系统的核心组件有（　　　）、（　　　）、（　　　）。

4. Apache Flume 系统要传递的消息数据称为（　　　）。

5. 利用十基数变换规格化方法转换数据，如果属性范围在-124～7 658 之间，请问转换的值应该为（　　　）。

二、简答题

1. Flume 传输的数据的基本单位是什么？描述其流向？

2. Channel 的作用是什么？

3. 简述最大最小规格化处理过程。

三、实践题

利用最大最小规格化处理，使用 Python 将表 1-7 销售额数据转换成 0 到 1 之间的数据。

项目二

使用 Apache Flume 采集日志数据

 项目描述

　　海云捷迅公司是从事计算机技术及大数据运营的公司，公司客户众多，在平台上也开设了客户评价功能。为了分析客户对平台的意见，需要采集客户的评价数据，使用 Apache Flume 数据采集工具完成数据库的数据文件采集，并按照要求进行数据存储。本项目任务主要集中在学习 Apache Flume 工具中代理组件的配置过程和使用，同时也将关注 Apache Flume 工具的其他组件在数据采集过程的使用方法。

 学习目标

　　本项目完成后，学生将能够：

　　1）搭建 Apache Flume 环境；

　　2）选择 Apache Flume Source（数据源）；

　　3）配置 Apache Flume Channel（通道）；

　　4）配置 Apache Flume Sink（接收器）；

　　5）查看获得的数据结果。

 任务单

　　2.1　Windows 环境下的 Apache Flume 环境搭建。

　　2.2　Apache Flume 数据采集案例。

任务 2.1　Windows 环境下的 Apache Flume 环境搭建

⊗ 2.1.1　任务描述

海云捷迅公司为了完成每天产生的大量网上日志数据收集分析工作，需要特定的日志数据采集系统做数据归档处理。经过分析和权衡，大家发现 Apache Flume 是一个不错的日志数据采集平台。本次任务是为利用 Apache Flume 工具采集数据做好环境搭建准备工作。

⊗ 2.1.2　知识准备

Apache Flume 是一个分布式、可靠和高可用的海量日志采集、聚合与传输平台。Apache Flume 支持多种类型的源数据，包括文件、Socket 数据包等形式的日志流数据采集。同时，还能够将采集到的数据输出到 HDFS、HBase、Hive、Kafka 等众多外部存储系统中存储，并且 Apache Flume 也具有日志流数据的实时在线分析功能。

搭建 Apache Flume 的知识准备工作可以通过以下两个活动完成。

活动 1　熟悉 Apache Flume 组件	
活动 2　Apache Flume 组件常用配置示例	

活动 1　Apache Flume 组件

Apache Flume 设计原理是基于将数据流（如日志数据）从各种数据源汇集，并转储到 HDFS、HBase 等目的存储器之上的。Apache Flume 数据采集示意图如图 2-1 所示。

Apache Flume 提供的可靠性机制和故障转移、恢复机制，使得其具有强大的容错性。

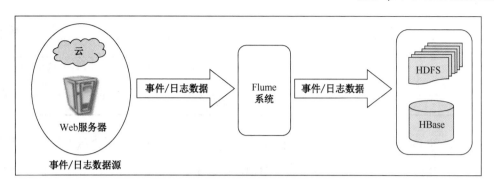

图 2-1　Apache Flume 数据采集示意图

基本的 Apache Flume 框架结构如图 2-2 所示。

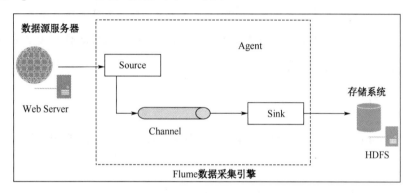

图 2-2　基本的 Apache Flume 框架结构

图 2-2 是基本的 Apache Flume 框架。该框架由数据源服务器、Agent 和存储系统组成。其中，每个数据源上都会部署 Agent 用于数据采集。

表 2-1 是 Apache Flume 的基本组件。

表 2-1　Apache Flume 的基本组件

组　　件		功　　能
Web Server（服务器）		数据产生源头
Agent（代理）	Source（数据源）	Agent 的核心组件之一，用于从 Web Server 端收集数据，然后送到 Channel
	Channel（通道）	Agent 的核心组件之一，通道从 Source 接收数据，临时存放数据，然后再发送给 Sink。类似于队列
	Sink（接收器）	Agent 的核心组件之一，用于把数据推送到目的地，如 HDFS

续表

组　件	功　能
Event（事件）	Flume 的数据传输基本单位，实现 Flume Event 接口。Event 结构包括 headers（头）和 body（体）两部分。头部包括一些头部信息，数据体中包含具体数据
Flow（数据流）	Flume 数据从源到目的的整个过程

Apache Flume 系统中核心的角色是 Agent。Agent 控制 Event 数据流从外部日志产生器获得数据，并将该 Event 数据流传输到目的地，或者下一个 Agent。Flume 采集系统就是由一个或多个 Agent 所连接起来形成的日志数据流采集框架。

简单完整的 Agent 由 3 个组件组成：数据源（Source）、通道（Channel）、接收器（Sink）。

Flume 提供了大量内置的 Source、Channel 和 Sink。Flume 在本质上是根据具体需求配置设置描述 Agent 的 Source、Channel 与 Sink 的具体内容，通过运行一个 Agent 实例读取配置文件的内容，最终采集数据。

1. Flume 的 Source

数据源（Source）是数据收集组件，负责对接数据发生器发送的源数据，并将接收到的数据以 Flume 的 Event 格式封装后发送给一个或多个 Channel。

Source 组件可以处理各种格式和类型的日志数据源，Flume 内置了各种类型的 Source，用于处理各种类型的事件，比如 Avro、exec、HTTP、Kafka、Spooling Directory 等。Flume 内置 Source 类型如表 2-2 所示。Flume 也支持自定义 Source。

表 2-2　Flume 内置 Source 类型

编　号	数据源 Source	说　明
1	Avro Source	支持 Avro 协议（实际上是 Avro RPC）
2	Thrift Source	支持 Thrift 协议
3	Exec Source	基于 Unix 的命令在标准输出上生产数据
4	JMS Source	从 JMS 系统中读取数据
5	Spooling Directory Source	监控指定目录内数据变更
6	Twitter 1% firehose Source	通过 API 持续下载 Twitter 数据
7	Netcat Source	监控某个端口，将流经端口的每一个文本行数据作为 Event 输入

续表

编 号	数据源 Source	说 明
8	Sequence Generator Source	序列生成器数据源，生产序列数据
9	Syslog Sources	读取 Syslog 数据，产生 Event，支持 UDP 和 TCP 两种协议
10	HTTP Source	基于 HTTP POST 或 GET 方式的数据源，支持 JSON、BLOB 表示形式

常用的 Source 如下。

1）Avro Source：Apache Avro 是一种流行的数据序列化格式。这种格式是一种主要用于支持大数据应用的数据格式，可以将数据结构或对象转化成便于存储或传输的格式，支持数据密集型应用，适合于远程或本地大规模数据的存储和交换。通过监听 Avro 端口来接收外部 Avro 客户端的事件流。

2）Thrift Source：Thrift 是谷歌开发的用于跨语言的 RPC 通信。Apache Flume 中提供了 Thrift Source 作为数据源。

3）Exec Source：可以将 shell 命令产生的输出作为源，运行指定的 Unix 命令，这样，该命令执行产生的数据将作为 Flume 数据的来源，例如，a1.sources.r1.command=ping 192.168.234.163，将 ping 命令的输出作为数据源。

2. 通道（Channel）

Channel 是 Agent 内部的数据传输通道，是位于 Source 和 Sink 之间的缓冲区域，用于将数据从 Source 传递到 Sink，主要作用是提供一个存储容器，为数据从 Source 到 Sink 的传输和存储提供中转等功能。

Source 将数据放到 Channel 中，Sink 从 Channel 中获得数据。当数据进入选择的 Channel 后，Channel 可以对数据进行缓存，等待推送。Channel 可以同时处理多个 Source 的写入操作，以及多个 Sink 的读取操作。

Channel 主要功能是缓存日志事件。Flume 中的主要通道类型如表 2-3 所示。

表 2-3 Flume 中的主要通道类型

编 号	通 道 类 型	说 明
1	Memory Channel	内存通道

续表

编　号	通 道 类 型	说　　明
2	JDBC Channel	存储在持久化存储中，当前 Flume Channel 内置支持 Derby
3	File Channel	存储在磁盘文件中
4	Spillable Memory Channel	存储在内存中和磁盘上。当内存队列满了，会持久化到磁盘文件（当前是试验性的，不建议生产环境使用）
5	Pseudo Transaction Channel	测试用途

常用的通道类型如下。

1）Memory Channel：Memory Channel 是内存中的一个存储队列。事件数据存储在具有可配置最大大小的内存队列中。Memory Channel 是不稳定的 Channel，适合允许数据在丢失的情况下使用。内存数据会随着程序的结束、机器的重启等而丢失。如果不允许数据丢失，应避免选择 Memory Channel 作为 Channel。

2）File Channel：File Channel 是将所有事件数据写入磁盘。只要磁盘空间足够大，并且数据安全，就可以将数据存储到磁盘上。File Channel 是一个持久化的隧道（Channel)，数据不会随着机器重启或程序的结束而丢失。如果不允许数据丢失，File Channel 会是一个可选择的 Channel。

例如，如果选择内存作为通道的配置，其代码如下。其中，a1 是代理名称，c1 为内存通道名称。

```
a1.channels = c1
a1.channels.c1.type = memory
a1.channels.c1.capacity = 10000
a1.channels.c1.transactionCapacity = 10000
a1.channels.c1.byteCapacityBufferPercentage = 20
a1.channels.c1.byteCapacity = 800000
```

事件数据在进入 Channel 前，可以通过拦截器对事件进行过滤，拦截器主要的功能是对事件进行过滤、修改，Flume 提供的过滤器有 Timestamp，Host，Static 及 UUID 等拦截器类型。同时，拦截过滤后的事件可以进入通道选择器进行复制和分流，进入特定的通道。通道及通道选择器示意图如图 2-3 所示。

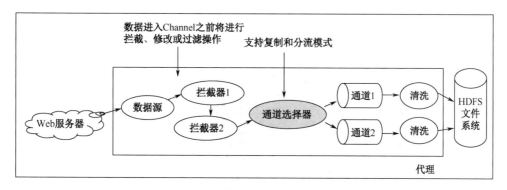

图 2-3　通道及通道选择器示意图

3. 接收器（Sink）

Sink 的主要功能是往下一级 Agent 传递数据或者向最终存储系统传递数据。作为数据的存储汇聚点，主要作用就是定义数据输出方式。一般情况下，Sink 从 Channel 中获取数据，然后将数据写出到下一级 Agent，或者文件、HDFS、网络存储等目的地。Sink 推送示意图如图 2-4 所示。

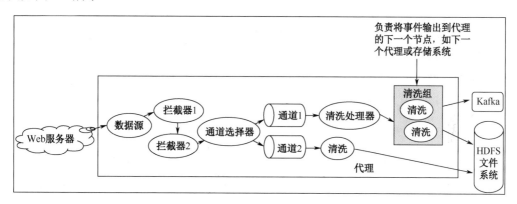

图 2-4　Sink 推送示意图

如果定义使用 Sink groups，则 Sink groups 组可以实现负载均衡和灾难转移。Flume 内置的 Sink 处理器有负载均衡（load_balance）和主备（灾难转移 failover）方式，支持自定义 Sink 处理器。

Flume 内置的主要 Sink 类型如表 2-4 所示。

表 2-4　Flume 内置的主要 Sink 类型

编　号	类　型	说　明
1	HDFS Sink	数据写入 HDFS
2	Logger Sink	数据写入日志文件
3	Avro Sink	数据被转换成 Avro Event，然后发送到配置的 RPC 端口上
4	Thrift Sink	数据被转换成 Thrift Event，然后发送到配置的 RPC 端口上
5	IRC Sink	数据在 IRC 上进行回放
6	File Roll Sink	存储数据到本地文件系统
7	Null Sink	丢弃所有数据
8	HBase Sink	数据写入 HBase 数据库
9	Morphline Solr Sink	数据发送到 Solr 搜索服务器（集）
10	ElasticSearch Sink	数据发送到弹性搜索服务器（集群）
11	Kite Dataset Sink	写数据到 Kite Dataset，试验性的

Sink 通过不断轮询 Channel 中的事件，批量将这些事件写入存储系统中，或发送到下一个 Flume Agent 中。Sink 一旦成功将事件写入存储或下一个 Flume Agent 后，Sink 就利用 Channel 提交事务。一旦事务被提交，Channel 将从自己的内部缓冲区域中批量移除处理后的事件。

常用的 Sink 组件如下。

1）Avro Sink：Avro Sink 将需要发送到 Flume 的事件转换为 Avro 事件，并发送到配置的主机名/端口对。

2）Logger Sink：记录 info 级别的日志，一般用于调试。

3）HDFS Sink：HDFS Sink 接收器将事件数据写入 Hadoop 分布式文件系统（HDFS）中。目前，它支持创建文本和序列文件，可以基于时间或数据大小或事件数量周期性地滚动文件（关闭当前文件，创建新文件）。

例如，如果需要将通道 c1 的数据推送到 k1 中（k1 是本地文件系统存储），配置代码如下：

```
a1.channels = c1
a1.sinks = k1
a1.sinks.k1.type = file_roll
a1.sinks.k1.channel = c1
```

```
a1.sinks.k1.sink.directory = /var/log/flume   --- 本地存储文件目录
```

上述代码中的 a1.sinks.k1.channel: c1 表示将本地的文件系统 k1 与通道 c1 连接起来。

活动效果评价

本次活动有助于读者学习以下知识。

1．掌握 Apache Flume 结构。

2．Apache Flume 的核心是 Agent。Agent 主要有 3 大组件：Source，Channel，Sink。

活动 2　Apache Flume 组件常用配置示例

Apache Flume 的组件，如 Source、Channel 和 Sink 之间需要相互组合，互相配合使用。各组件间耦合度低。通过组合配置可满足不同的使用场景需求。

1．Source 组件配置

1）Avro Source：Apache Avro 是一种数据序列化格式。这种数据格式是一种主要用于支持大数据应用的数据格式，可以将数据结构或对象转化成便于存储或传输的格式。

Avro Source 接收到的是经过 Avro 序列化后的数据，然后反序列化数据继续传输，通过监听 Avro 端口来接收外部 Avro 客户端的事件流，也可以接收通过 Apache Flume 提供的 Avro 客户端发送的日志信息。

使用 Avro Source 需要配置被监听主机的 IP 地址和被监听端口号，其可配置基本选项如下。

① type：类型名称为 Avro。

② bind：被监听主机的 IP 地址。

③ port：被监听的端口号。

④ channel：指定数据源将使用的通道。

假设配置中 Agent 的名称设置为 a1，配置示例如表 2-5 所示。

表 2-5　Avro Source 配置示例

配 置 代 码	代 码 说 明
a1.source=r1	定义采集数据源名称为 r1
a1.channels=c1	定义使用的通道名称为 c1
a1.source.r1.type=avro	定义采集数据源为 avro
a1.source.r1.channels=c1	定义采集数据源使用的通道
a1.source.r1.bind=127.0.0.1	定义 Avro 监听的主机名或 IP 地址
a1.source.r1.port=2048	定义 Avro 监听的端口

2）Exec Source：Exec 指定 shell 命令操作产生的输出作为数据源。其可配置的基本选项如下。

① type：类型名称为 exec。

② channel：指定数据源使用的通道。

③ command：定义 Exec 具体执行的命令。

Exec Source 产生的数据不一定能够输送到 Channel。如果出现问题，数据则可能丢失。在这种条件下，一般建议使用 Spooling Directory 等，保证数据传输。

假设配置中 Agent 的名称设置为 a1，需要将 tail 命令产生的输出作为数据源。Exec Source 配置示例如表 2-6 所示。

表 2-6　Exec Source 配置示例

配 置 代 码	代 码 说 明
a1.source=r1	定义采集数据源名称为 r1
a1.channels=c1	定义使用的通道名称为 c1
a1.source.r1.type=exec	定义采集数据源为 exec
a1.source.r1.channels=c1	定义采集数据源使用的通道
a1.source.r1.command=tail － F /flume/log/log	定义 exec 具体执行的 shell 命令

提示

tail 命令用途是依照要求将指定的文件的最后部分输出到标准设备。

3）Syslog Source：Syslog Source 是通过 Syslog 协议获取主机的系统日志的，协议分为 tcp 协议和 udp 协议。因此，也需要配置被收集主机的 IP 地址和端口号。其可配置基本选项如下。

① type：类型名称为 syslogudp 或者 syslogtcp。

② host：被监听主机名或 IP 地址。

③ port：被监听的主机端口号。

④ channel：指定数据源使用的通道。

Syslog Source 配置示例如表 2-7 所示。

表 2-7　Syslog Source 配置示例

配 置 代 码	代 码 说 明
a1.source=r1	定义采集数据源名称为 r1
a1.channels=c1	定义使用的通道名称为 c1
a1.source.r1.type=syslogudp	定义采集数据源为 syslogudp，协议为 udp
a1.source.r1.host=localhost	定义 Syslog 源主机名
a1.source.r1.port=5140	定义 Syslog 监视端口号
a1.source.r1.channels=c1	定义采集数据源使用的通道

4）Spooling Directory Source：Spooling 方式监视指定的目录，并自动搜集该目录中的文件。Flume 会持续监听这个目录，将文件作为 Source 处理。一旦文件加入该目录，将监听到该文件的变化，并收集该文件内容。其可配置基本选项如下。

① type：类型名称为 spooldir。

② spooldir：要读取的文件路径，即目录。

③ channel：指定数据源使用的通道。

Spooling Directory Source 配置示例如表 2-8 所示。

表 2-8　Spooling Directory Source 配置示例

配 置 代 码	代 码 说 明
a1.source=r1	定义采集数据源名称为 r1
a1.channels=c1	定义使用的通道名称为 c1
a1.source.r1.type=spooldir	定义采集数据源类型为 spooldir
a1.source.r1.spoolDir=/flume/log/flumespool	定义所需监视的文件夹名称
a1.source.r1.channels=c1	定义采集数据源使用的通道
a1.source.r1.fuleHeader=true	定义采集过程中将数据源保存成文件，主要是提高容错率

> **提示**
>
> 放置到 Spooling Directory 指定目录的文件不能修改，同时，也不能有重名的文件。

5）Netcat Source：Netcat 方式将监听一个指定端口，并接收监听到的数据。可配置的基本选项如下。

① type：类型名称为 netcat。

② bind：监听的主机号或 IP 地址。

③ port：监听的端口号。

④ channel：指定数据源使用的通道。

Netcat Source 配置示例如表 2-9 所示。

表 2-9　Netcat Source 配置示例

配 置 代 码	代 码 说 明
a1.source=r1	定义采集数据源名称为 r1
a1.channels=c1	定义使用的通道名称为 c1
a1.source.r1.type=netcat	定义采集数据源类型为 spooldir
a1.source.r1.bind=localhost	定义所需监听的主机
a1.source.r1.port=44444	定义所需监听的主机的端口号
a1.source.r1.channels=c1	定义采集数据源使用的通道

2. Channel 常用组件配置

Channel 是数据临时存放的位置，Flume 提供的 Channel 有 Memory Channel, JDBC Channel, File Channel, Psuedo Transaction Channe 等。其中，Memory Channel 比较常见。

1）Memory Channel：事件存储在内存的队列中，Memory Channel 可配置用于存储的容量大小。对于需要更高吞吐量并准备在代理故障的情况下丢失暂存数据的流量来说，这是理想之选。基本配置选项如下。

① type：类型名称为 memory。

② capacity：通道最大容量。

③ transactionCapacity：单个事务可以提交的数据阈值。

Memory Channel 配置示例如表 2-10 所示。

表 2-10　Memory Channel 配置示例

配 置 代 码	代 码 说 明
a1.channels=c1	定义使用的通道名称为 c1
a1.source.c1.type=memory	定义通道类型为 memroy
a1.source.c1.capacity=10000	定义通道容量为 10 000
a1.source.c1. transactionCapacity =5000	定义一次事务提交数据的阈值
a1.source.c1.byteCapacityBufferpercentage=30	定义通道中事件所占百分比，包括 header 中的数据
a1.source.c1.byteCapacitye=50000	定义通道中的字节数据阈值

配置 Memory 通常是指定 Memory 的容量大小、缓冲器占比等。

2）File Channel：文件通道是 Flume 的持久通道。它将所有事件写入磁盘。写入磁盘的数据不会因为机器丢失进程或机器关机或崩溃丢失数据，可以同时高并发处理多个 Source 和 Sink。其基本配置项如下。

① type：类型名称为 file。

② checkpointDir：检测点文件所存储的目录。

③ dataDir：数据存储所在的目录设置。

File Channel 配置示例如表 2-11 所示。

表 2-11　File Channel 配置示例

配 置 代 码	代 码 说 明
a1.channels=c1	定义使用的通道名称为 c1
a1.source.c1.type=file	定义通道类型为 file
a1.source.c1.checkpointDir=/flume/checkpoint	定义被检查的文件目录
a1.source.c1. dataDir =/flume/data	定义用逗号分隔的目录列表来存储日志文件。在不同的磁盘上使用多个目录可以提高文件通道的性能

3．Sink 常用组件配置

Sink 是数据存储的地方，Flume 支持 HDFS, Hhive 等 Sink 方式。

1）Logger Sink：Logger Sink 就是将收集的日志数据写到 log 中，一般用于 info, debug, error 级别日志的收集，主要用于调试，基本配置项如下。

type：类型名称为 logger。

Logger Sink 配置示例如表 2-12 所示。

表 2-12　Logger Sink 配置示例

配 置 代 码	代 码 说 明
a1.sinks=k1	定义使用的 Sink 名称为 k1
a1.sinks.k1.type=logger	定义使用的 Sink 类型为 logger

提示

使用 Logger Sink 方式，必须在-config 参数制定的目录下有 log4j 的配置文件。在运行命令中，可以通过-Dflume.root.logger=INFO, console 命令手动指定 log4j 参数。

2）Avro Sink：Avro Sink 既可以是数据源，也可以作为 Flume。Avro Sink 将接受的日志发送到指定主机的指定端口上，其基本可配置项如下。

① type：类型名称为 avro。

② hostname：输出绑定的主机名或 IP 地址。

③ port：定义输出的端口号。

④ channel：指定使用的通道。

Logger Sink 配置示例如表 2-13 所示。

表 2-13　Logger Sink 配置示例

配 置 代 码	代 码 说 明
a1.channels=c1	定义所使用的 Channel 名称为 c1
a1.sinks=s1	定义所使用的 Sink 名称为 s1
a1.sinks.s1.type=avro	定义使用的 Sink 类型为 avro
a1.sinks.s1.channel=c1	定义 Sink 使用的通道为 c1
a1.sinks.s1.hostname=localhost	定义 Avro 的输出主机名或 IP 地址
a1.sinkss1.port=4545	定义 Avro 的输出端口号

3）File Roll Sink：接受在本地系统产生的内容，并存储在本地系统中，系统每隔指定时长生成文件，并保存这段时间内收集到的日志信息。其基本可配置项如下。

① type：类型名称为 file-roll。

② sink.directory：文件被存储的位置。

③ channel：指定使用的通道。

Fileroll Sink 配置示例如表 2-14 所示。

表 2-14　Fileroll Sink 配置示例

配 置 代 码	代 码 说 明
a1.channels=c1	定义通道名称为 c1
a1.sinks=s1	定义使用的 Sink 名称为 s1
a1.sinks.s1.type=file-roll	定义使用的 Sink 类型为 file-roll
a1.sinks.s1.channel=c1	定义 Sink 使用的通道为 c1
a1.sinks.s1.sink.directory=/flume/work/rolldata	定义 Avro 的输出主机名或 IP 地址
a1.sinks.s1.sink.rollInterval=60	定义每隔 60 秒生成一个新日志文件。如果设置为 0，则禁止滚动。这样所有日志将只能写到一个文件中

4）HDFS Sink：HDFS Sink 将事件写入到 Hadoop 分布式文件系统中。HDFS Sink 可以创建两种格式的文件，即文本文件和序列化文件。这些文件可以按照指定的时间或数据量分卷。HDFS 的目录路径可以包含将要由 HDFS 替换格式的转移序列用以生成存储事件的目录/文件名。其基本可配置项如下。

① type：类型名称为 file-roll。

② hdfs.path：HDFS 目录路径名称。

③ hdfs.rollInterval：滚动当前文件之前等待的秒数。

④ path：HDFS 目录路径名称，格式为 hdfs：//主机名称/目录。

⑤ hdfs.rollSize：当文件大小达到要求时，进行文件滚动。

⑥ hdfs.rollCount：在滚动文件前，输出到文件中的事件数量。

HDFS Sink 配置示例如表 2-15 所示。

表 2-15　HDFS Sink 配置示例

配 置 代 码	代 码 说 明
a1.channels=c1	定义通道名称为 c1
a1.sinks=s1	定义使用的 Sink 名称为 s1
a1.sinks.s1.type=hdfs	定义使用的 Sink 类型为 hdfs
a1.sinks.s1.hdfs.fileType=DataStream	定义 Sink 创建的文件类型，文件类型有 SequenceFile，DataStream 或 CompressedStream
a1.sinks.s1.hdfs.path= hdfs://192.168.234.21:9000/flume	定义 HDFS 的路径
a1.sinks.s1.hdfs.rollInterval=60	定义 HDFS 的间隔时间为 60 秒

提示

　　HDFS Sink 要求 Hadoop 已经成功安装，这样 Flume 才能够通过 Hadoop 提供的 jar 包与 HDFS 进行通信。

活动效果评价

通过本次活动可以帮助读者掌握以下知识。

1）熟悉各组件的配置方法。

2）熟悉具体组件配置参数。

3）了解 Source, Channel, Sink 的组合配置方法。

➤ 2.1.3　任务实施

使用 Apache Flume 采集数据前，需要搭建部署 Apache Flume 环境。本次任务由 2 个活动完成。

活动 1　Apache Flume 系统环境准备	
活动 2　Apache Flume 系统安装部署	
活动 3　Apache Flume 完成数据采集测试工作案例	

活动 1　Apache Flume 系统环境准备

1．Java 运行环境：Flume 是 Java 开发实现的，所以在安装 Flume 之前要先安装 JDK，建议 JDK 为 1.8 或更高版本。

2．如果需要 Hadoop HDFS 作为接收器，需要安装 Hadoop。

3．内存：机器需要配置足够内存，用于源（Source）、通道（Channel）或接收器（Sink）。

4．磁盘空间：用于通道（Channel）或接收器（Sink），需要足够磁盘空间。

5．目录权限：代理（Agent）使用的目录需要读/写权限。

活动 2　Apache Flume 系统安装部署

Apache Flume 目前主要有两种版本：flume OG（original generation）和 flume NG（next generation）。flume 0.9X 版本统称为 flume OG，flume1.X 版本统称为 flume NG。目前，主要使用 flume NG 版本。

1．下载 Apache Flume 文件包

登录 Apache Flume 官方网站，从官方网站上下载相应的文件包，下载界面如图 2-5 所示，可以选择下载二进制文件包。

图 2-5　Apache Flume 下载界面

2. 解压下载的文件包

对于 Windows/Mac 系统，可以直接将下载的文件包解压到相应目录，如解压到 D:\apache-flume-1.9.0-bin 下。对于 Linux，可以使用 tar -zxvf 命令解压到相应目录。

在 Windows 目录下解压该文件包后进入该目录，查看该目录下的文件结构。解压后的 Apache Flume 文件结构如图 2-6 所示。其中，bin 目录中存放的是 Flume 的可执行命令文件，conf 目录中包含各种配置文件，lib 目录存放的是 Flume 依赖的 jar 包。

名称	修改日期	类型
bin	2020/4/20 20:52	文件夹
conf	2020/5/15 9:07	文件夹
docs	2020/4/20 20:52	文件夹
lib	2020/4/20 20:52	文件夹
logs	2020/5/10 16:02	文件夹
tools	2020/4/20 20:52	文件夹
CHANGELOG	2018/11/29 22:31	文件
DEVNOTES	2017/11/16 19:54	文件
doap_Flume.rdf	2017/11/16 19:54	RDF 文件
LICENSE	2018/12/10 11:23	文件
NOTICE	2018/11/29 0:41	文件
README.md	2017/11/16 19:54	MD 文件
RELEASE-NOTES	2018/12/10 11:23	文件

图 2-6　解压后的 Apache Flume 文件结构

3. 修改文件配置

Flume 文件包解压完成后，进入 conf 目录，开始对配置文件进行编辑（在进行编辑之前，我们需要保存和备份原文件模板）。

1）配置 flume-env.sh

在 conf 文件目录下，找到 flume-env.sh.template 文件，复制该文件，并命名为 flume-env.sh。

在 flume-env.sh 文件中配置 JAVA_HOME 路径，需要根据实际 JDK 软件的安装位置添加语句，如图 2-7 所示。

flume-conf.properties	2020/4/23 20:40	PROPERTIES 文件	3 KB
flume-conf.properties.template	2017/11/16 19:54	TEMPLATE 文件	2 KB
flume-conf-test.properties	2020/5/15 13:42	PROPERTIES 文件	3 KB
flume-env.en	2020/4/22 8:26	EN 文件	2 KB
flume-env.ps1	2017/11/16 19:54	Windows Power...	2 KB
flume-env.ps1.template	2017/11/16 19:54	TEMPLATE 文件	2 KB
flume-env.sh.template	2018/8/30 19:31	TEMPLATE 文件	2 KB
log4j.properties	2018/12/10 11:23	PROPERTIES 文件	4 KB

复制并命名

（a）flume-env.sh 文件所在目录位置

填写实际JDK安装目录

```
export JAVA_HOME=D:\Program Files (x86)\Java\jdk1.8.0_201
```

（b）flume-env.sh 文件中 JDK 环境配置语句

图 2-7　flume-env.sh 文件配置

2）配置 flume-conf.properties 文件

在 conf 目录下，复制 flume-conf.properties.template 文件，并将复制文件命名为 flume-conf.properties。

该配置文件是 Flume 的核心配置文件，这是一个文本文件格式。在该文件中，主要包括 Flume Agent 的 Source、Channel、Sink 核心组件配置。每个组件的类型、参数都需要在该文件中进行配置，并将它们连接在一起，形成数据流。

在同一个配置文件中，可以指定一个或多个代理的配置。在 Flume 启动时，会使用文件中的配置参数。flume-conf.properties 配置文件模板如图 2-8 所示。

4．测试 Apache Flume 是否安装成功

在 Apache Flume 的 bin 目录下输入并运行命令 flume-ng version。如果出现如图 2-9 所示信息，表示 Apache Flume 安装成功。

在 Apache Flume 的 bin 目录下有一个 shell 脚本命令 flume-ng，在命令行上指定代理的名称和配置文件，启动运行配置文件。

```
bin/flume-ng agent -f conf/flume.conf -n a1 -c ./conf
```

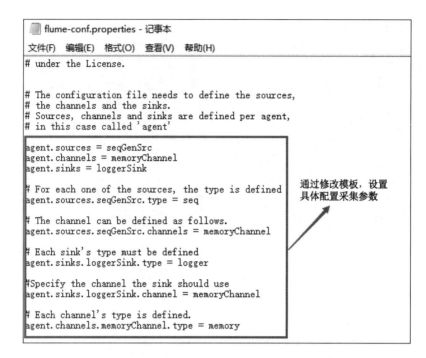

图 2-8　flume-conf.properties 配置文件模板

```
Flume 1.9.0
Source code repository: https://git-wip-us.apache.org/repos/asf/flume.git
Revision: d4fcab4f501d41597bc616921329a4339f73585e
Compiled by fszabo on Mon Dec 17 20:45:25 CET 2018
From source with checksum 35db629a3bda49d23e9b3690c80737f9
```

图 2-9　Apache Flume 安装成功提示信息

flume-ng 各参数说明如下。

1）-n 参数：该参数后接代理名称。

2）-c 参数：指定配置文件目录。

3）-f 参数：指定代理的配置文件。

活动效果评价

通过此次活动，读者可以学习以下知识。

1）如何准备 Apache Flume 安装包。

2）如何准备 Apache Flume 的配置文件。

3）了解 Apache Flume 的运行命令。

活动 3　Apache Flume 完成数据采集测试工作案例

案例 1

需求：从指定端口采集数据，然后在控制终端显示出来。使用 Flume 监控一个终端 Console，另一个终端发送消息，实时显示被监控终端数据。

主要参数要求如下。

1）配置 Source：Netcat Source。

2）配置 Channel：Memory。

3）配置 Sink：Logger Sink。

将以上组件连接，构成一个完整的采集通道。

1）在 conf 配置文件中构建一个 Agent。

Flume Agent 的配置保存在本地配置文件中。它是一个 text 文本，Java 程序可以直接方便地读取其属性。在同一个配置文件中，可以指定一个或多个 Agent 配置。

① flume-env.sh 文件需修改的内容：

export JAVA_HOME=/usr/lib/jvm/java-8-oracle（根据实际 JAVA_HOME 目录填写。）

② 创建 Agent 配置文件。

在 conf 文件夹下，复制 flume-conf.properties.template 文件，并将复制文件命名为 example.conf（文件名可以自定义），修改 example.conf 文件内容，如下所示。

```
# 单节点flume配置

# 命名Agent的各个组件名称
a1.sources = r1
a1.sinks = k1
a1.channels = c1
```

```
# 描述/配置 Source
a1.sources.r1.type = netcat
a1.sources.r1.bind = localhost
a1.sources.r1.port = 44444

# 描述Sink
a1.sinks.k1.type = logger

#描述Channel
a1.channels.c1.type = memory
a1.channels.c1.capacity = 1000
a1.channels.c1.transactionCapacity = 100

# 绑定Source和Sink到Channel
a1.sources.r1.channels = c1
a1.sinks.k1.channel = c1
```

在配置文件 Agent 中指定 Source、Channel、Sink 的属性，并绑定各个组件。

2）启动 Flume 进程

使用 cmd，进入 apache-flume-1.8.0-bin/bin，运行以下命令，启动 Flume 进程。

```
flume-ng  agent -n a1 -c  conf  -f conf/example.conf -Dflume.root.logger=
INFO,console
```

提示

flume-ng 命令参数说明见表 2-16。

表 2-16   flume-ng 命令参数说明

参　　数	描　　述
commands	这是很重要的参数，因为 Flume 可以使用不同的角色启动，比如 Agent、Client 等。平时启动使用 Agent 即可
--conf 或者-c	指定 conf 目录下加载的配置文件
--classpath 或者-c	指定类加载的路径
--conf-file 或者-f	指定配置文件

3）新开一个命令窗口，使用 telnet 测试。

```
C:\ telnet localhost 44444
Trying ::1...
telnet: connect to address ::1: Connection refused
Trying 127.0.0.1...
Connected to localhost.
Escape character is '^]'.
hello flume!
OK
```

4）观察 Flume 运行窗口。如果 Flume 运行窗口能够出现"hello flume!"，则证明 Flume 已经运行成功。

⊚ 2.1.4 任务效果

本次任务是完成在 Windows 环境下的 Apache Flume 环境搭建工作，任务从掌握 Apache Flume 的基本知识开始，学习了 Flume 工具的关键组件，以及用 Source、Channel、Sink 组成 Agent 的相关知识，同时通过活动掌握如何搭建 Flume 运行环境，包括如何获得 Flume 安装包。特别是 Flume 基本组件是基于配置文件的，配置文件是 Flume 工具的关键。

•任务 2.2 Apache Flume 数据采集案例 •

⊚ 2.2.1 任务描述

成功搭建 Apache Flume 环境后，就可以开始数据采集工作。Apache Flume 的核心是把数据从数据源（Source）收集以后，将收集到的数据送到指定的目的地（Sink）。本次任务是要完成采集服务器 A 目录下的文件配置。

某公司有多个 Web 服务器，公司需要将 Web 服务器的日志收集到一台主机上进行日志分析。经过分析，公司决定采用 Apache Flume 收集日志文件。采用的策略是在被采集日志的主机上自动生成日志文件，通过 Apache Flume 的 Spooling Directory 将对被采集的设备的日志目录源数据采集到指定主机指定文件中。

⊙ 2.2.2 任务实施

该任务通过采集该公司不同节点上的日志目录文件，将指定的日志存放在目录中。这里假设被采集和存放的主机为同一台主机。

活动 1 Apache Flume 数据采集需求分析	
活动 2 编写配置文件 example.conf	
活动 3 任务评价与总结	

为了保证数据采集成功，Apache Flume 在将数据送到目的地之前，会将数据事先进行缓存。当数据最终到达目的地后，Apache Flume 才将缓存数据删除。

活动 1 Apache Flume 数据采集需求分析

使用 Apache Flume 采集日志文件，需要按照需求选择恰当的数据采集拓扑结构，以及正确的 Source、Channel 和 Sink。Apache Flume 通过在配置文件中配置 Agent，采集参数等，参数包括 Event 名称、Source 名称、Channel 名称、Sink 名称及它们之间的绑定关系。当成功完成配置后，启动运行 Agent 就可以进行数据采集了。

Apache Flume 数据采集任务。

采集需求：在被采集目标主机上创建一个被监听的文件 D: /apache/spool。一旦该文件夹中产生新文件，系统将自动采集该文件夹的文件保存到采集主机的 D: /apache/log 中。

需求分析：根据采集要求，需要确定三大要素。

1. Flume 环境要求：Windows 服务器。

2. 数据源 Source 组件：spooldir。

3. 通道 Channel 组件：选择 File 或者 Memory 作为 Channel。

4. 推送 Sink 组件：采用 file_roll 本地文件。

Apache Flume 的核心概念是 Agent。多种不同的 Agent 组合可以完成不同的采集任务要求。本次任务可以采用单级 Agent 拓扑结构，如图 2-10 所示。

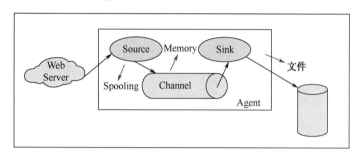

图 2-10　单级 Agent 拓扑结构

活动 2　编写配置文件 example.conf

1. 在采集主机节点的 conf 目录下，建立 example.conf 配置文件，编辑该文件，定义三大组件名称。

```
#定义Agent a1组件名称，Agent名称定义为a1
a1.sources=r1
a1.sinks=s1
a1.channels=c1
```

2. Source 数据源配置。

在配置文件中，根据不同的数据源和要求，配置数据源。下面是几种数据源的配置示例，其中，假设代理名称是 a1。

spoolDir 方式可以监听和收集指定节点机器指定目录下的日志数据。使用 spoolingdir 需要说明被监听的文件夹。数据源配置代码如下：

```
a1.sources.r1.type = spoolingdir
a1.sources.r1.spoolDir = D: /apache/spool
a1.sources.r1.fileHeader = true
```

3．通道 Channel 配置。

选择 Memory 作为通道，Memory 作为 Channel 可以实现高速吞吐，但是无法保证数据完整性。配置代码如下。

```
a1.channels.c1.type = memory
a1.channels.c1.capacity = 50000
a1.channels.c1.transactionCapacity = 600
a1.channels.c1.keep-alive=120
```

4．推送 Sink 配置。

设置 Sink 存储数据时，可以将数据存储到文件系统或数据库中。当数据量很大时，可以在 Hadoop 中存储数据。在日志数据较少时，可以将数据存储在文件中，这里存储在本地文件中。

```
a1.sinks = s1
a1.sinks.s1.type = file_roll
a1.sinks.s1.channel = c1
a1.sinks.s1.sink.directory = /var/log/logs      ——本地存储文件目录
```

5．绑定 Source 和 Sink 到 Channel。

```
a1.sources.r1.channels = c1
a1.sinks.s1.channel = c1
```

6．启动 Flume，在 DOS 命令状态下启动命令。

```
bin/flume-ng agent -c conf -f conf/example.conf  -n a1
```

7．如果命令执行成功，将采集数据存储到 /var/log/logs 目录中。代码如下。

```
# The configuration file needs to define the sources,
# the channels and the sinks.
# Sources, channels and sinks are defined per agent,
# in this case called 'agent'
# 指定Agent的组件名称
a1.sources = r1
a1.sinks = k1
a1.channels = c1
# # 指定Flume Source（要监听的路径）
a1.sources.r1.type = spoolingdir
a1.sources.r1.spoolDir = D: /apache/spool
a1.sources.r1.fileHeader = true
```

```
# # 指定Flume Sink
a1.sinks = s1
a1.sinks.s1.type = file_roll
a1.sinks.s1.channel = c1
a1.sinks.s1.sink.directory = /var/log/logs    ——本地存储文件目录
# # 指定Flume Channel
a1.channels.c1.type = memory
a1.channels.c1.capacity = 50000
a1.channels.c1.transactionCapacity = 600
a1.channels.c1.keep-alive=120
#
# # 绑定Source和Sink到Channel上
a1.sources.r1.channels = c1
a1.sinks.k1.channel = c1
```

活动 3　任务评价与总结

本次任务是在 Apache Flume 环境完成 Flume 的案例测试的。Flume 的功能很强大，可以进行各种搭配来完成用户想要的工作。如果实际中有多个 Agent 的情况下，多个 Agent 可以协同一起工作。

项目小结

通过本项目，可以让读者学习以下知识。

1．Apache Flume 基本知识。

2．Apache Flume 系统核心角色是 Agent。Agent 本身是一个 Java 进程。一般运行在日志收集节点。

3．Agent 包括 3 个组件：Source（数据源）、Channel（通道）和 Sink（接收器）。Apache Flume 内置了许多常用的 Source、Channel、Sink。

4．Apache Flume 系统基本架构如图 2-11 所示。

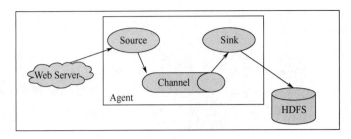

图 2-11　Apache Flume 系统基本架构

5．Apache Flume 是主要通过配置文件实现的。

6．Windows 系统下的 Apache Flume 采集安装过程是直接解压相关安装文件，配置 JDK 环境的。

习题

一、填空题

1．Apache Flume 是一个高可靠性、高可用性、分布式的海量（　　　）采集、聚合、传输工具。

2．Flume 数据流的基本单元是（　　　），由一个装载数据的字节数组（byte payload）和一系列可选的字符串属性组成（　　　）的。

3．Apache Flume 系统的核心角色是（　　　），每个 Agent 有（　　　）、（　　　）、（　　　）3 个组件。

4．Apache Flume 的实现主要通过在（　　　）中配置组件参数实现的。

5．（　　　）是配置采集数据的传送目的的，用于将数据传送到下一级 Agent，或者最终存储系统。

二、实践题

1．将任务 2.2 中的 Sink 修改为 logger，模拟输出采集到的数据到控制台，通过命令

bin/flume-ng agent -c conf -f conf/example.conf -n a1 -Dflume.root.logger=INFO，Console 启动 flume agent a1，指定日志等级 info，将日志输出到控制台。

2. 使用 exec 作为数据源，将 ping 127.0.0.1 命令作为 shell 命令，Sink 类型为 logger，通道类型为 memory，通道容量为 1 000，阈值为 200，请给出该采集任务的配置表。

项目三

使用 Logstash 采集日志数据

 项目描述

本次项目将使用 Logstash 数据采集工具完成日志数据采集，并按照要求进行数据存储。本项目任务主要集中在 Logstash 管道配置与 Logstash 配置流程上，特别是聚焦于各种插件的使用和配置上。

 **学习目标**

本项目完成后，学生将能够了解以下知识。

1）Logstash 原理。

2）搭建 Logstash 环境。

3）Logstash 管道配置。

4）Logstash 插件使用。

 任务单

3.1　Logstash 工具安装。

3.2　Logstash 数据采集工作。

任务 3.1　Logstash 工具安装

⊛ 3.1.1　任务描述

Logstash 是一款功能强大的数据抽取工具，能够将数据同时从多个数据源采集数据，转换数据，然后将数据发送到规划好的存储目的地。

如果要使用 Logstash 作为数据采集工具，需要搭建 Logstash 的使用环境。本次任务将主要完成 Logstash 的环境搭建，为后续数据采集任务提供保证，采用的 Logstash 版本编号是 7.8.1。

⊛ 3.1.2　知识准备

Logstash 是 ElasticStack 非常重要的一部分。ElasticStack 包括 3 个开源项目：ElasticSearch，Logstash 和 Kibana。"ELK"是 3 个开源项目的缩写。其中，Logstash 是服务器端数据处理管道，可以同时从多个数据源中提取数据，进行转换，然后将其发送到类似 ElasticSearch 的"存储"中。学习 Logstash 知识可以通过以下 3 个活动完成。

活动 1　理解 Logstash 管道架构	
活动 2　认识 Logstash 插件	
活动 3　掌握 Logstash 基本语法	

活动 1　理解 Logstash 管道架构

Logstash 是一个数据流引擎，使用数据管道方式进行日志搜集处理和输出的。该数据流管道主要包括 3 个部分：输入（Input），过滤器（Filter）和输出（Output）。

Logstash 中这 3 个部分需要通过配置才能生效。其中，输入和输出是两个必须的管道元素，过滤器是可选元素。Logstash 架构如图 3-1 所示。

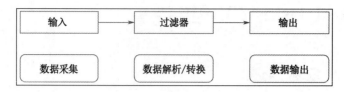

图 3-1　Logstash 架构

Logstash 管道中，输入（Input）主要负责数据采集工作，过滤器（Filter）部分负责数据解析处理及转换，输出（Output）完成数据输出等任务。

虽然过滤器是可选配置，但是这部分能够实现各种日志过滤功能。Logstash 功能强大，主要表现在其有丰富的过滤器插件。过滤器提供的并不单单是过滤的功能，还可以对进入过滤器的原始数据进行复杂的逻辑处理，甚至可以添加独特的事件到后续流程中。

在 Logstash 中采集日志数据流程包括输入→过滤器（不是必须的）→输出 3 个阶段。Logstash 数据采集示意图如图 3-2 所示。

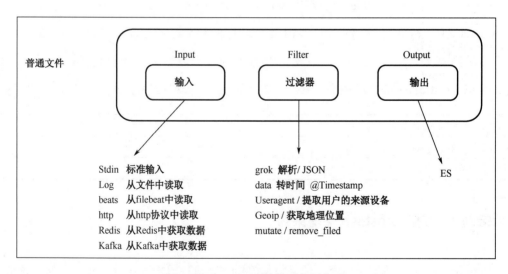

图 3-2　Logstash 数据采集示意图

活动效果评价

1）Logstash 架构是一个管道结构。管道主要包含 3 个元素，分别是输入、输出和过滤器。

2）Logstash 中的输入和输出管道是必要组成部分。过滤器是可选部分。虽然是可选部分，过滤器的功能却非常强大。

3）Logstash 通过配置文件实现。

活动 2　认识 Logstash 插件

在 Logstash 日志数据采集的每个工作阶段都需要很多不同的插件配合完成工作。Logstash 的强大功能主要是其拥有丰富的插件工具。Logstash 的插件式工作方式使得 Logstash 工作方式非常灵活，易于扩展和定制。例如，输出既可以输出到标准控制台，也可以输出到 ElasticSearch 中。

目前，Logstash 的插件工具有 200 多个，能够同时从多个来源采集数据和转换数据，然后将数据输出到存储目的地中。在输出部分，可以有一个或多个输出。其中最常用的输出是 ElasticSearch。

Logstash 的插件主要有输入插件、过滤器插件和输出插件。各部分插件配合完成工作。插件工作实例图如图 3-3 所示。

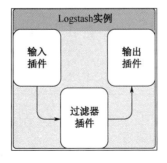

图 3-3　Logstash 插件工作实例图

1. 输入插件

输入插件负责定义数据采集来源，是必须的配置。常用的输入插件有 stdin、file、kafka、http、redis 等，如表 3-1 所示。

表 3-1　常用输入类型的常见插件

插 件 名 称	描　　述
elasticsearch	从 ElasticSearch 集群中读出结果数据
exec	将 shell 命令输出捕获后成为事件数据
file	从文件中读取数据为 stream 事件
github	从 GitHub webhook 读取数据
http	通过 HTTP 或 HTTPS 接收数据
http_poller	将 HTTP API 输出解码为事件
imap	从 IMAP 服务器读取邮件
irc	从 IRC 服务器读取事件
jdbc	从 JDBC 创建事件
kafka	从 Kafka 主题读取事件
log4j	从 Log4j `SocketAppender` 对象中读取 TCP Socket 上的事件
pipe	从长时间运行命令管道中获取 stream 事件
redis	从 redis 实例读取事件
snmp	使用 SNMP 协议轮训网络设备
snmptrap	基于 SNMP trap 消息创建事件
stdin	从标准输入设备读取事件
syslog	读取 syslog 消息作为事件
tcp	从 TCP Socket 中读取事件
twitter	从 Twitter Streaming API 读取事件
udp	通过 UDP 协议读取事件
unix	通过 UNIX Socket 读取事件
websocket	从 websocket 中读取事件

Logstash 支持各种输入选择，允许在同一时间从众多数据来源捕捉事件。下面是常用的输入插件及使用示例。

1）file 插件，用于读取文件系统中的文件内容。Logstash 通过跟踪被监听的日志文件的当前读取位置，判断文件内容是否变化，从而收集文件数据内容。例如，下面代码是配置输入插件为 file 类型代码示例。

```
input {
    file {
        path => "/var/log/elasticsearch/elasticsearch.log"
        type => "es-access"
        start_position => "beginning"
        stat_interval => "10"        #设置收集日志的间隔时间，单位是s
    }
}
```

2）syslog：在已知机器端口上侦听 syslog 消息，并对其解析。syslog 是机器运行维护领域应用广泛的数据传输协议，使用监听 TCP 或者 UDP 端口实现数据采集工作。

例如，在本机监听 6415 端口实现数据采集，简单的配置代码如下：

```
input {
  syslog {
    port => "6415"
  }
}
```

3）redis：表示从 Redis 服务器上使用 redis 通道或 redis 列表方式读取数据。redis 在 Logstash 中可以作为输入或者输出插件使用。作为输出使用时，主要有通道方式和列表方式。

例如，在 IP 地址为 192.168.0.2 的 Redis 服务器端口 6379 上设置通道方式读取数据，代码如下：

```
input {
    redis {
        data_type => "pattern_channel"
        key => "Logstash-*"
        host => "192.168.0.2"
        port => 6379
        threads => 5
    }
}
```

4）stdin：stdin 是 Logstash 中最简单和最常用的基础插件，表示标准输入，在终端显示输入的信息。

2．过滤器插件

过滤器插件用于数据解析/转换，常用的插件有 grok、date、geoip、mutate 等，如表 3-2 所示。

表 3-2　常用过滤器插件

插 件 名 称	描　　　述
date	用于日期转换，将日期类型的字符串生成为一个新的字段，用以替代默认的@timestamp 时间戳字段
grok	将日志中符合正则规则的字段重新定义为另一个字段，实现格式化输出，将非结构化事件数据以字段形式分析
mutate	对字段进行各种操作，比如重命名、删除、替换、更新等，使用频繁
dissect	根据定义的分割符来切割字段
json	将指定字段内容转为 json 格式
geoip	增加地理位置数据
ruby	利用 ruby 代码来动态修改 Logstash 事件

下面是常见过滤器插件的用法示例。

1）date 插件

定义一个 logdate 字段，将字段格式设置为 Logstash 时间戳。

```
filter {
  date {
    match => [ "logdate", "MMM dd yyyy HH:mm:ss" ]
#定义一个logdate字段，字段格式为后面引号内的内容。当Logstash遇到这样格式的内容就
会放入到logdate字段中
  }
}
```

2）josn 插件

可以使用 josn 插件将内容转换为 josn 格式。

```
filter {
  josn{
```

```
    source => "message"           #要处理的字段名
    target => "josn_msg"          #解析后储存的目标字段
  }
}
```

3）mutate 插件使用

mutate 插件是过滤器中使用很频繁的一种插件。它可以对字段内容做处理，例如，使用 rename 进行字段重命名、使用 remove_field 删除字段、使用 convert 进行字段类型转换等。mutate 常用操作类型如表 3-3 所示。

表 3-3　mutate 常用操作类型

操 作 类 型	描　　　述
convert	用于字段类型转换
gsub	字符串替换操作
spilt	字符串分割
Join	字符串合并
merge	数组合并为字符串
rename	字段重命名
update	更新字段内容
replace	替换字符串内容
remove_filed	删除字段

例如，如下配置是删除 message 和 age 字段，并将 userid 和 action 字段类型进行转换的代码示例。

```
filter {
  mutate{
    remove_filed => [message, age]   #删除message字段，多个字段使用逗号隔开
    convert=> {
      "userid" => "integer"   #将userid字段格式转换为int类型
      "action" => "string"
    }
  }
}
```

3. 输出插件

输出插件用于定义事件数据输出的方向或目的地。输出是事件管道的最后阶段。常用插件有 ElasticSearch, csv, exec, file 等，如表 3-4 所示。

表 3-4　常用输出插件

插 件 名 称	说　　明
cloudwatch	聚合并发送事件数据到 AWS cloudwatch
csv	将事件以分隔符的形式写入磁盘
elasticsearch	将日志事件存储在 ElasticSearch 中
email	以电子邮件方式发送事件数据
exec	运行事件匹配的 shell 命令
file	将事件数据写入磁盘文件
http	将事件数据发送到 HTTP 或 HTTPS 终端
irc	将事件数据写入 IRC 中
kafka	将事件数据写入 Kafka 库中
pipe	将事件数据发送到另一个程序的标准输入中
redis	使用命令 RPUSH 将事件数据发送到 Redis 队列中
stdout	将事件数据输出到标准输出
syslog	将事件数据发送到 Syslog 服务器
tcp/udp	将事件数据发送到 TCP/UDP socket

例如，将数据源主机 192.168.88.134 的 tcp 端口 6666 上的数据采集后发送到目的地 192.168.88.134 的 Redis 队列，端口号为 6379，配置代码如下。

```
input {
    tcp {
        type => "tcp_port_6666"
        host => "192.168.88.134"
        port => "6666"
        mode => "server"
        }
}

output {
    redis {
        host => "192.168.88.134"
        port => "6379"
        db => "6"
        data_type => "list"
        key => "tcp_port_6666"
        }
}
```

活动效果评价

本次活动可以帮助读者了解以下知识。

1）Logstash 插件的类型有输入插件、过滤器插件和输出插件。

2）插件方式使 Logstash 变得灵活。

3）常用的输入插件有 file, stdin, redis 等。

4）常用的输出插件有 elasticsearch, csv, exec, file 等。

5）常用的过滤器插件有 grok, date, geoip, mutate, useragent 等。

活动 3　掌握 Logstash 基本语法

Logstash 日志数据采集需要通过在配置文件中配置各阶段具体插件。通过在配置文件中编写输入（input）、过滤器（filter）、输出（output）等相关插件工作规则，控制数据采集处理和转发过程。

Logstash 的标准配置模板如下。

```
# 输入区域
input {
  ...
}
# 过滤器区域
filter {
  ...
}
# 输出区域
output {
  ...
}
```

标准配置模板包含 3 个基本区域，分别是输入区域、过滤器区域和输出区域。其中，输入区域和输出区域是必须配置的区域。

1. 区域定义方式

Logstash 使用 {} 来定义一个具体功能区域。在一个功能区域内，可以定义一个或多个插件区域。在插件区域内定义键值对。

例如，定义一个输入区域，区域中包括一个标准输入插件定义，通过选择对应的插件获取相应的数据。

```
input {
    stdin {}
    udp {
      port=>1415
}
}
```

上述配置首先定义了一个输入区域。在输入区域内定义了 stdin 插件及 udp 插件。在 udp 插件中，定义了一个端口键值对。

2. 数据类型

Logstash 作为一个数据处理管道，能够从不同数据源获取用户数据，进行处理后发送给后台。这里最关键的就是要对数据的类型进行定义或映射。

Logstash 支持的数据类型不多。Logstash 数据类型如表 3-5 所示。

表 3-5　Logstash 数据类型

数 据 类 型	说　明	示　例
array	数组类型，数字内容可以是一个或多个字符串	path => ["var/log/log1"，"var/log/log2"，"var/log/log3"]
bytes	字节类型	bytes_1 => "1000"　#定义 1000byte，也可以加上字节单位，如 Bytes_2= "10mb"，代表 10 000 000byte
boolean	布尔值（true，false）	my_enable =>true
codec	编码解码名称	codec => "json"
number	数字类型，必须是有效的数值、浮点数或整数	port =>23
hash	表示键值对（key，value），多个键值对使用空格分隔	area =>{ "filed1" = "1"　"filed2" = "2"　"filed3" = "3" }

续表

数 据 类 型	说 明	示 例
string	表示字符串	name => "Hello Logatsh"
path	表示系统有效路径	my_path => "/var/log"
password	表示类型为密码型	my_passwd => "password"
#	表示该行为注释行	port =>23 #端口号为 23

Logstash 提供了 grok 和 mutate 两个插件来进行数值数据的转换。

3. 字段引用

Logstash 数据流中的数据被称为 Event（事件）对象。Event 的构成方式是 json 结构。Event 的属性称为字段。如果在 Logstash 配置中需要使用已有字段的值，需要引用字段内容。

Logstash 提供了字段引用语法供字段引用。Logstash 字段引用访问的基本语法是使用[ ]方括弧符号。方括弧符号中填入要引用的字段名称即可，例如[fieldname]。字段定义本身可以嵌套定义，字段引用示例如下。

```
{
    "name": "tom",
    "grade": "grade3",
    "score": {
            "math": 100,
            "science": 98
    }
},
```

在上述代码中，顶级属性字段有 name, grade 和 score。同时，score 字段中又嵌套 math 和 science 字段。math 和 science 字段称为嵌套字段。

如果直接引用的是顶级字段，则可以省略[]号，直接使用字段名称。但是如果要引用的字段被嵌套在其他字段中，则必须指定该字段的完整路径：[顶级字段][内嵌套字段]。

例如，以下 Event 有 5 个顶级字段（agent，ip，request，response，ua）。其中，3 个嵌套字段分别是 response 中的 status, bytes，ua 中的 os。

```
{
  "agent": "Mozilla/5.0 (compatible; MSIE 9.0)",
  "ip": "192.168.24.44",
  "request": "/index.html",
  "response": {
    "status": 200,
    "bytes": 52353
  },
  "ua": {
    "os": "Windows 7"
  }
},
```

如果要引用顶级字段 request，可以使用[request]，或者直接指定字段名称 request 即可。如果要引用 os 字段，则必须指定 os 的顶级字段 ua，语法为[ua][os]。

注意

> 对于 Logstash 的 array 数组类型，Logstash 支持下标与倒序下标引用，例如：[tags][type][0]，[tags][type][-1]等。

4．条件判断

在 Logstash 的配置中可以使用条件判断语句，实现在特定的前提下过滤或输出事件。Logstash 条件判断语句支持 if，else if 及 else 等。条件语句支持嵌套，与编程语言中的条件语句类似。

条件判断语法如下：

```
if 表达式 {
  ...
} else if表达式 {
  ...
} else {
  ...
}
```

例如，假设过滤器条件中 action 的值是 login，则允许数据通过，同时使用 mutate filter 删除 secret 字段：

```
filter {
  if [action] == "login" {
    mutate { remove field => "secret" }
  }
}
```

在条件判断中，能够实现比较操作、布尔操作及条件操作等。Logstash 表达式提供的条件操作符如表 3-6 所示。

表 3-6　Logstash 表达式提供的条件操作符

操作类型		符号	说明
比较 操作符	判断相等	==, !=, <, >, <=, >=	
	正则	=~(匹配正则), !~(不匹配正则)	
	包含	in(包含), not in(不包含)	
布尔操作		and(与), or(或), nand(非与), xor(非或)	
一元操作		!(取反)	表达式可以包含其他表达式

通常来说，在表达式里一般会用到字段引用。

5．type 和 tags

Logstash 中有 2 个特殊的字段：type 和 tags。type 字段在输入区域中用于标记 Event 类型；tags 字段是在数据处理过程中，由具体的插件来添加或者删除的。

例如，定义 1 个过滤器，对类型是 web 的数据进行处理的代码如下：

```
input {
    stdin {
        type => "web"
    }
}
filter {
    if [type] == "web" {
        grok {
            match => ["message", %{COMBINEDAPACHELOG}]
            add_tag => [ "tag1" ]
```

```
            }
        }
    }
output {
    if "tag1" in [tags] {
        nagios_nsca {
            nagios_status => "1"
        }
    } else {
        elasticsearch {
        }
    }
}
```

6. 正则表达式

Logstash 中的过滤器插件使得 Logstash 具有强大的数据处理功能。过滤器不是简单地提取过滤数据，而是通过正则解析文本，将非结构化日志数据弄成结构化和方便查询的结构。它扩展了进入过滤器的原始数据的处理，对其进行复杂的逻辑处理，甚至可以添加新的 Logstash 事件到后续的流程中去。

grok 是 Logstash 中重要的插件。在 grok 里预定义命名正则表达式，识别日志里的相关数据块。

活动效果评价

本次活动可以帮助读者了解以下知识。

1）Logstash 的标准配置模板如下：

```
input {...}
filter {...}
output {...}
```

2）Logstash 区域表示为{ }。

3）Logstash 使用 {} 来定义具体功能区域。在功能区域内，可以定义插件区域。在一个区域内可以定义多个插件。

4）Logstash 提供了 grok 和 mutate 两个插件来进行数值数据的转换。

5）Logstash 字段引用访问的基本语法是使用[]。方括号中填入要引用的字段名称 [fieldname]。

⊚ 3.1.3 任务实施

使用 Logstash 采集数据前，需要搭建部署 Logstash 的运行环境。Logstash 运行环境搭建任务由以下 3 个活动完成。

活动 1　Logstash 系统环境准备	
活动 2　Logstash 环境搭建及命令	
活动 3　Logstash 完成数据采集简单示例	

活动 1　Logstash 系统环境准备

1）Java 运行环境：在安装 Logstash 之前要先安装 JDK，建议 JDK 选择 1.8 或更高版本。

2）关闭防火墙。

3）内存：机器需要足够内存。

4）磁盘空间：磁盘空间要足够。

活动 2　Logstash 环境搭建及命令

1）下载并解压 Logstash 安装包。

登录 Apache Flume 官方网站。从官方网站上下载相应的文件包，如图 3-4 所示。这里下载的是 Windows 版的 ZIP 压缩文件，可根据不同的系统选择相应的安装包下载。

2）解压下载的 ZIP 文件包。

将下载的文件包解压到相应目录，如解压到 E:\ELK\Logstash-7.8.1。进入该目录，查看该目录下的文件结构，如图 3-5 所示。其中，bin 目录中有 Logstash 命令，config 目录下包含各种配置文件。

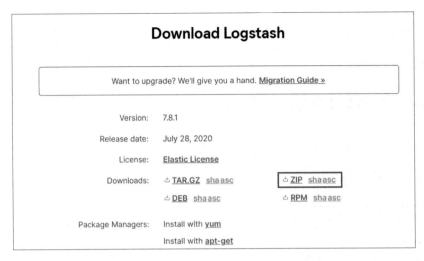

图 3-4　Apache Flume 下载 Logstash 安装包官方页面

图 3-5　解压后的 Logstash 文件结构

3）进入 bin 目录，新建文件 default.conf，输入以下内容，主要用于测试。

```
input { stdin { } }
output {
        elasticsearch { hosts => ["localhost:9200"] }
        stdout { codec => rubydebug }
}
```

输入区域定义了 1 个标准输入，也定义了 2 个输出：1 个标准输出，1 个主机的 9200 端口输出。

4）进入 DOS 命令状态。在 Logstash 安装目录 bin 目录下运行命令 `logstash -f default.conf`，执行 Logstash.conf 配置文件，会显示启动过程。

当出现语句 Successfully started Logstash API endpoint 等信息时，表示 Logstash 安装成功，如图 3-6 所示。

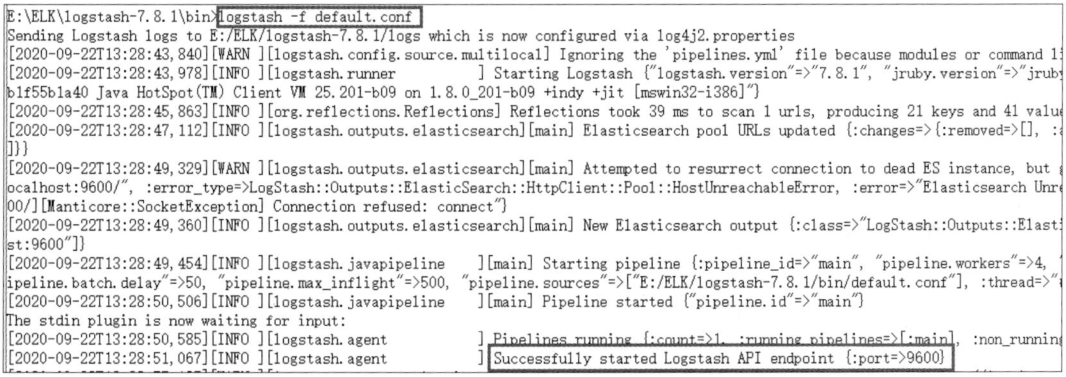

```
E:\ELK\logstash-7.8.1\bin>logstash -f default.conf
Sending Logstash logs to E:/ELK/logstash-7.8.1/logs which is now configured via log4j2.properties
[2020-09-22T13:28:43,840][WARN ][logstash.config.source.multilocal] Ignoring the 'pipelines.yml' file because modules or command 1]
[2020-09-22T13:28:43,978][INFO ][logstash.runner          ] Starting Logstash {"logstash.version"=>"7.8.1", "jruby.version"=>"jruby
b1f55b1a40 Java HotSpot(TM) Client VM 25.201-b09 on 1.8.0_201-b09 +indy +jit [mswin32-i386]"}
[2020-09-22T13:28:45,863][INFO ][org.reflections.Reflections] Reflections took 39 ms to scan 1 urls, producing 21 keys and 41 value
[2020-09-22T13:28:47,112][INFO ][logstash.outputs.elasticsearch][main] Elasticsearch pool URLs updated {:changes=>{:removed=>[], :a
]}}
[2020-09-22T13:28:49,329][WARN ][logstash.outputs.elasticsearch][main] Attempted to resurrect connection to dead ES instance, but g
ocalhost:9600/", :error_type=>LogStash::Outputs::ElasticSearch::HttpClient::Pool::HostUnreachableError, :error=>"Elasticsearch Unre
00/][Manticore::SocketException] Connection refused: connect"}
[2020-09-22T13:28:49,360][INFO ][logstash.outputs.elasticsearch][main] New Elasticsearch output {:class=>"LogStash::Outputs::Elasti
st:9600"}
[2020-09-22T13:28:49,454][INFO ][logstash.javapipeline    ][main] Starting pipeline {:pipeline_id=>"main", "pipeline.workers"=>4,
ipeline.batch.delay"=>50, "pipeline.max_inflight"=>500, "pipeline.sources"=>["E:/ELK/logstash-7.8.1/bin/default.conf"], :thread=>"
[2020-09-22T13:28:50,506][INFO ][logstash.javapipeline    ][main] Pipeline started {"pipeline.id"=>"main"}
The stdin plugin is now waiting for input:
[2020-09-22T13:28:50,585][INFO ][logstash.agent           ] Pipelines running {:count=>1, :running_pipelines=>[:main], :non_running
[2020-09-22T13:28:51,067][INFO ][logstash.agent           ] Successfully started Logstash API endpoint {:port=>9600}
```

图 3-6　Logstash 成功启动页面

Logstash 提供了命令运行 shell 脚本，命令为 logstash，它支持以下参数。

① -config 或-f：命令运行的配置文件说明，通过 bin/logstash -f default.conf 这样的形式来运行 default.conf 配置。

② -e：后面跟着字符串，表示立即执行该字符串包含的配置（如果是""，则默认使用 stdin 作为输入，stdout 作为输出）。如 logstash -e ""表示从标准设备输入，标准设备输出。

③ -configtest 或-t：查看测试配置文件是否正确。如果正确，直接给出配置成功提示，然后退出。

④ -verbose 或-v：输出调试日志。如果需要更多的调试日志，可以使用-debug 参数。

5）查看 Logstash 安装效果。

Logstash 启动成功后，在浏览器中访问 http://localhost:9600/。如果页面显示如图 3-7 所示，则说明 Logstash 安装配置成功。

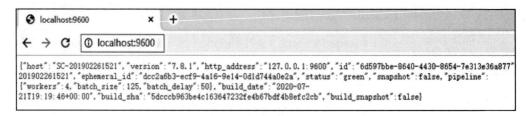

图 3-7　Logstash 安装配置成功显示页面示例

活动效果评价

1）了解 Logstash 的安装环境要求。

2）学习 Logstash 的命令配置文件定义。

3）了解 Logstash 常用的命令参数及意义。

活动 3　Logstash 完成数据采集简单示例

要求：从标准输入读取数据，并将输入的信息从标准输出中输出。

1）创建一个 Logstash 配置管道文件 test.conf，将下面的配置管道的结构文本输入到 test.conf 文件中。文件结构中只包含输入插件（input）和输出插件（output）。

```
input { }

output {}
```

该结构文件没有任何功能。因为输入和输出部分没有定义有效的选项。

2）定义 input 结构，添加输入源，输入源定义为标准输入 stdin。

```
input {stdin { }}
```

3）定义 output 结构，在 output 中增加 stdout 插件，表示将标准输入信息打印在屏幕上。

```
output {
```

```
    stdout { codec =>rubydebug}
}
```

4）完整的 test.conf 文件如下：

```
input {
    stdin{
            }
    }

output {
    stdout{
            }
}
```

5）在命令状态下输出 logstash-f test.conf。

当 Logstash 运行成功后，输入信息，如"hello logstash"，该信息将以标准信息格式输出到屏幕上，如图 3-8 所示。

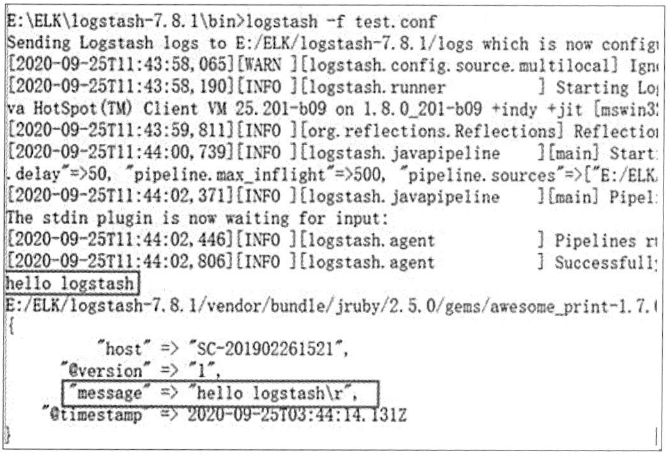

图 3-8　Logstash 输出显示画面

标准输出中包含主机名、输入信息及时间戳等信息。

⊙ 3.1.4　任务效果

本次任务是完成在 Windows 环境下的 Logstash 环境搭建工作。Logstash 环境需要 JDK

支持，并且需要正确配置 JAVA_HOME 变量路径，同时理解 Logstash 的 congfig 目录下的配置文件作用。

　　Logstash 包括 1 个数据采集管道，1 个基本管道（包括输入、过滤器和输出部分），通过在不同的部分输入配置定义，实现数据的采集和过滤。

　　对输入、过滤器和输出配置定义，要求理解如下内容。

　　1）Logstash 的区域定义方式。

　　2）Logstash 的数据类型。

　　3）Logstash 的字段引用。

　　4）Logstash 的条件语句。

　　5）Logstash 的正则表达式和 grok 插件。

任务 3.2　Logstash 数据采集工作

⊙ 3.2.1　任务描述

　　英特尔 FPGA 中国创新中心在开发一款应用程序软件过程中，程序调试和运行会产生大量的出错信息，程序开发工程师为了能从大量出错信息中找出原因，希望利用 Logstash 将出错信息日志收集，便于分析。

　　本次任务主要为了完成出错日志文件的收集。假设日志文件保留在主机的目录 e:/elk/log 下，文件名为 error.log，需要启动一个 Logstash 监视该主机目录的 error.log 日志文件。当日志文件发生了修改，需要采集和输出日志文件。

　　任务输出采用 error.log 文件，内容如下所示：

```
    11-Aug-2021 14:37:30.420 信息 [main] org.apache.coyote.AbstractProtocol.
start 开始协议处理句柄["http-nio-8080"]
```

⊙ 3.2.2　任务实施

本次任务由 1 个活动组成。

活动 1　Logstash 数据采集 error.dat 日志文件到控制台	

活动 1　Logstash 数据采集 error.dat 日志文件到控制台

活动首先需要创建 Logstash 配置文件，进入 config 目录，新建 test.conf 文件。在该文件中编辑 Input、Filter 和 Output 这 3 个组件的配置。

配置完成后，启动 Logstash 实例。使用-f 参数的方式启动，参数值为该配置文件的存放路径，例如：/bin./Logstash　-f　/conf /Logstash.conf。

1．配置 Input

使用输入插件读取文件日志 error.dat。该文件存放在文件目录 e:/elk/log/下。

```
input {
    file {
     path => "e:/elk/log/error.log"
     type => " tomcat-catalina"
     start_position => "beginning"  #监听文件的起始位置
       }
}
```

其中，path 是设置需要采集的文件路径；type 是定义类型，由用户任意填写；start_position 设置为 beginning，保证从文件开头读取。

一旦日志有新的内容更新，就会被 Logstash 监控到，并读取更新内容到 Logstash 中，然后 Logstash 为该数据流创建一个 Event 对象。

2．配置过滤器

对进入过滤器的原始数据进行复杂的逻辑处理，强调日志信息的结构化显示方式。代码如下。

```
        filter {
          grok {
        match=>{"message"=>
"%{DATESTAMP_CN:[@metadata][logdate]}%{GREEDYDATA: [@metadata][keyvalue]}" }
        remove_field => "message"
          }
```

Logstash 提供了丰富的过滤器插件。

1）grok 插件主要作用就是将文本格式的字符串转换成具体的结构化数据，一般需要配合正则表达式使用。

match：信息匹配模式，匹配日期到 logdate 字段。

remove_field：处理结果删除 message 字段。

2）输出区域配置。在 Output 组件中设置一个标准输出：stdout。

```
    output {
        elasticsearch {
          host => "localhost:9600"
          index= > "tomcat-catalina-%{+YYYY.MM.dd}"   #索引名称
            document_type => "tomcat-catalina"   #type
            }
        stdout{
    }
        }
```

此处，stdout 输出是为了观察采集的。实际生产时可以取消。采集端的编码格式要根据自己的环境来设置。

3）进入 bin 目录，执行 logstash.bat -f .../config/test.conf，启动 tomcat。观察输出日志文件内容，如图 3-9 所示。输出内容为 error 文件中原有的内容，内容信息被逐条显示在命令行上。

如果需要输出到 ElasticSearch，需要部署 ElasticSearch。这里模拟输出到控制台。

```
[2021-09-14T11:06:05,309][WARN ][logstash.outputs.elasticsearch][main] Restored connection to
[2021-09-14T11:06:05,323][WARN ][logstash.outputs.elasticsearch][main] Error while performing
:NilClass", :class=>"NoMethodError", :backtrace=>["E:/ELK/logstash-7.8.1/vendor/bundle/jruby/2
h/outputs/elasticsearch/http_client/pool.rb:194:in `major_version'", "E:/ELK/logstash-7.8.1/ve
.1-java/lib/logstash/outputs/elasticsearch/http_client/pool.rb:277:in `block in healthcheck!'
LK/logstash-7.8.1/vendor/bundle/jruby/2.5.0/gems/logstash-output-elasticsearch-10.5.1-java/lib
ck in healthcheck!'", "org/jruby/RubyHash.java:1415:in `each'", "E:/ELK/logstash-7.8.1/vendor/
```

图 3-9　Logstash 输出显示日志文件内容

⊙ 3.2.3　任务效果

本次任务是采集 tomcat 服务器运行中产生的日志文件中的内容，并将该内容输出到控制台。整个过程不仅配置了输入、输出组件，同时增加了过滤器组件。

•项目小结•

1．Logstash 的管道概念。

2．Logstash 数据收集的 3 个处理阶段流程：input、filter、output。

```
input {...}//指定输入
filter {...}//过滤逻辑处理
output {...}//指定输出
```

3．Logstash Event（事件）是内部管道数据流动组织单元。原始数据在 Input 被转换为 Event，在 Output，Event 被转换为目标格式数据。在配置文件中，可以对 Event 中的属性进行增删改查。

4．Logstash 组织架构如图 3-10 所示。

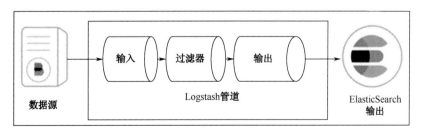

图 3-10　Logstash 组织架构

习题

一、填空题

1. Logstash 用（　　）来定义区域。

2. Logstash 的 3 个重要组成部分是（　　）、（　　）、（　　）。其中，（　　）和（　　）是必须的。

3. Logstash 的（　　）部分对数据进行处理转换和过滤工作。

二、实践题

1. 将标准输入信息输出到 d:\message.dat 文件中。

2. 将标准输入信息同时输入到 d:\message.dat 文件和标准输出屏幕上。

项目四

使用爬虫工具完成网页数据获取

 项目描述

本项目将使用两种不同的网页数据爬取工具完成数据爬取。使用 Web Scraper 爬取某网页的列车时刻表数据，使用八爪鱼工具完成 58 同城网站的房屋租售信息的采集。

本项目的任务主要集中在网页数据爬取原理和应用，以及 Web Scraper 工具配置过程和使用上，同时，也将关注 Web Scraper 工具的使用局限性。

 **学习目标**

本项目完成后，学生将能够：

1）理解网络爬虫原理；

2）了解 Web Scraper 爬取流程；

3）学会使用八爪鱼工具。

 任务单

4.1 使用 Web Scraper 完成列车时刻表数据采集工作。

4.2 使用八爪鱼工具采集数据。

任务 4.1 使用 Web Scraper 完成列车时刻表数据采集工作

4.1.1 任务描述

Web Scraper 是一个基于谷歌浏览器的插件。使用 Web Scraper 能够简单快速地爬取网站数据。本任务要求完成重庆到成都所有列车时刻表的数据采集工作，项目效果图如图 4-1 所示。

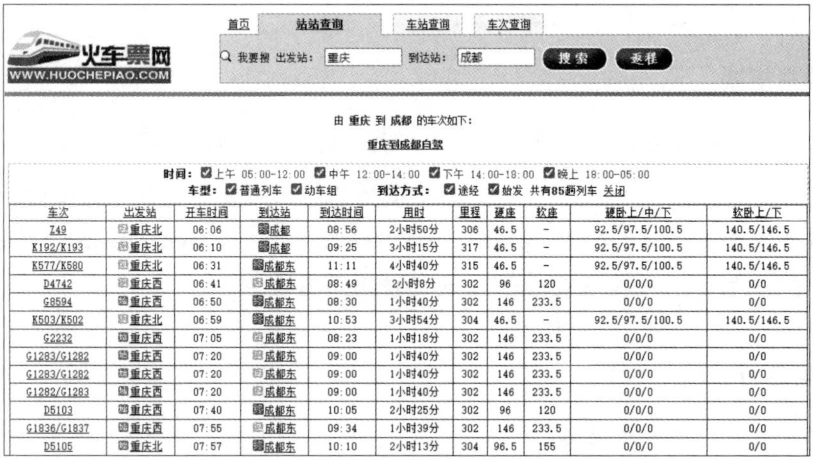

车次	出发站	开车时间	到达站	到达时间	用时	里程	硬座	软座	硬卧上/中/下	软卧上/下
Z49	重庆北	06:06	成都	08:56	2小时50分	306	46.5	-	92.5/97.5/100.5	140.5/146.5
K192/K193	重庆北	06:10	成都	09:25	3小时15分	317	46.5	-	92.5/97.5/100.5	140.5/146.5
K577/K580	重庆北	06:31	成都东	11:11	4小时40分	315	46.5	-	92.5/97.5/100.5	140.5/146.5
D4742	重庆西	06:41	成都东	08:49	2小时8分	302	96	120	0/0/0	0/0
G8594	重庆西	06:50	成都东	08:30	1小时40分	302	146	233.5	0/0/0	0/0
K503/K502	重庆北	06:59	成都东	10:53	3小时54分	304	46.5	-	92.5/97.5/100.5	140.5/146.5
G2232	重庆西	07:05	成都东	08:23	1小时18分	302	146	233.5	0/0/0	0/0
G1283/G1282	重庆西	07:20	成都东	09:00	1小时40分	302	146	233.5	0/0/0	0/0
G1283/G1282	重庆西	07:20	成都东	09:00	1小时40分	302	146	233.5	0/0/0	0/0
G1282/G1283	重庆西	07:20	成都东	09:00	1小时40分	302	146	233.5	0/0/0	0/0
D5103	重庆西	07:40	成都东	10:05	2小时25分	302	96	120	0/0/0	0/0
G1836/G1837	重庆西	07:55	成都东	09:34	1小时39分	302	146	233.5	0/0/0	0/0
D5105	重庆北	07:57	成都东	10:10	2小时13分	304	96.5	155	0/0/0	0/0

图 4-1 项目效果图

4.1.2 知识准备

对网络数据的采集称为网络爬取（也称为网页蜘蛛），是一种按照一定的规则，自动爬取 Web 信息的程序或者脚本。搜索引擎其实就是爬虫的主要应用领域。

根据不同的需求，网络采集一般有两种不同种类：网络爬取（Web Crawler）和网页爬取（Web Scraper）。

网络爬取通常是通过 URL 链接得到网页中其他指定的链接，将这些链接存储起来后，再依次通过这些链接找到其他链接。通常，搜索引擎就是利用网络爬取找到需要的链接或数据，并将其存放到数据库中。网页爬取主要爬取网页中的数据，例如文本信息、图片信息等。

以下活动有助于读者了解该领域相关知识。

活动 1　理解网页工作基本原理	
活动 2　了解网络爬虫基本原理	
活动 3　了解常用网络爬虫工具	

活动 1　理解网页工作基本原理

当用户在浏览器的地址栏中输入网址时，就开始加载网页的工作了。网页作为展示数据的平台，从客户浏览器窗口输入网址，到从服务器获取数据并在浏览器中展示，这中间经过了非常复杂的处理过程。图 4-2 是浏览器访问服务器模型图。

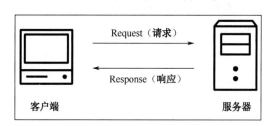

图 4-2　浏览器访问服务器模型图

服务器收到客户端发来的请求后，经过分析处理，由浏览器将数据信息加载到网页中，最终在浏览器中显示。

客户端浏览器从地址请求到网页内容获得的过程如下。

1）在客户端浏览器中输入请求的 URL（统一资源定位）地址。

在客户端浏览器中输入一个 URL 并提交，URL 用于识别网络上特定的 Web 资源。这个过程即浏览器向网站所在的服务器发送了一个请求。例如，在地址栏上输入网址 http://www.huochepiao.com，网页内容显示页面如图 4-3 所示。

图 4-3　网页内容显示页面

2）浏览器开始解析 URL 中包含的信息，包括协议（http）、域名（huochepiao.com）和资源（/）。URL 地址格式如图 4-4 所示。

图 4-4　URL 地址格式

注意

　　如果域名之后没有指示特定的资源信息，则浏览器将检索网站设置的主页面。通常默认设置为 index.html 或者 default.html 文件。

3）对主机域名进行 DNS 查找，获得主机 IP 地址，DNS 域名查找一旦获得目标主机的 IP 地址，就会将其发送到 Web 浏览器。解析后的主机地址格式如图 4-5 所示。

图 4-5　解析后的主机地址格式

4）浏览器获取到 IP 地址及给定的端口号（HTTP 协议默认为端口 80，HTTPS 默认为端口 443），将通过 IP 地址和端口号与目标服务器连接，客户端的浏览器向 Web 服务器发送 HTTP 请求，如图 4-6 所示。

5）Web 服务器接收请求，并查找 HTML 页面。网站服务器接收到这个请求后进行处理和解析。如果请求的页面存在，将返回对应的响应。响应里会包含页面的源代码及数据等内容，浏览器再对其进行解析，最终将信息在网页中呈现出来。如果服务器找不到请求的页面，将发送一个 HTTP 404 错误消息，这也意味着服务器找不到网页。

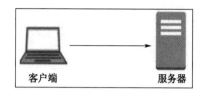

图 4-6　客户端请求 HTTP 服务

活动效果评价

本次活动有助于读者了解以下信息。

1）通过浏览器实现网页内容加载。

2）浏览器与 Web 服务器交互使用协议是 http 或者 https。

3）客户端浏览器从地址请求到网页内容获得的过程。

活动 2　了解网络爬虫基本原理

网络爬虫是一种数据收集方式。网络爬虫是搜索引擎系统的重要组成部分。爬虫技术也被广泛应用于搜索引擎领域。

网络爬虫的主要目的是将 Web 服务器上的网页内容下载到本地，为搜索引擎系统提供数据来源。网页中除了包含供用户阅读的文字信息，还包含一些超链接信息。Web 网络爬虫系统正是通过网页中的超链接信息不断获得网络上的其他网页及网页内容的。

从功能上讲，爬虫一般分为数据采集、处理、储存 3 个部分。爬虫最初从一个或若干个初始页面开始（也称为种子页面），获得初始页面上的信息内容或链接，并根据需求追踪其中的一些链接，达到遍历所有网页的目的。

在抓取网页的过程中，一方面需要提取数据信息，另一方面需要从当前页面上抽取新的网页地址放入待处理队列，直到满足系统一定的停止条件为止。网络爬虫模型图如图 4-7 所示。

爬虫一般工作流程图如图 4-8 所示。

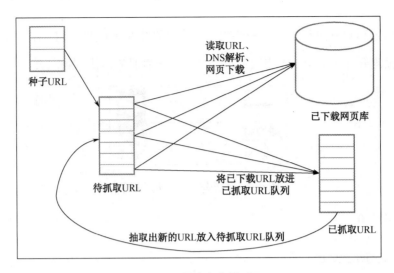

图 4-7　网络爬虫模型图

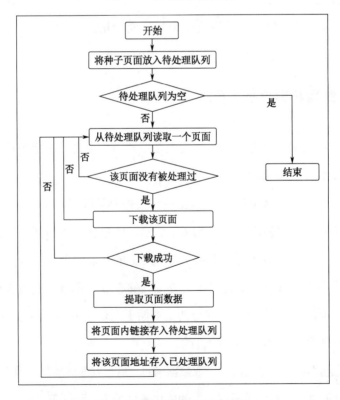

图 4-8　爬虫一般工作流程图

1）获取初始种子 URL：初始 URL 地址可以由用户事先指定，也可以由用户指定的某个或某几个预爬取网页决定。

2）将 URL 放入待爬取 URL 队列中，并获得新的 URL：根据初始 URL 爬取对应的 URL 地址中的网页，将网页内容存储到原始数据库中。同时，在爬取网页中发现新的 URL 地址，将新的 URL 地址放到 URL 队列中，并将已爬取的 URL 地址存放到一个 URL 列表中，用于去重及判断爬取进程。

3）从待爬取的 URL 队列中取出待爬取的 URL，并依据新 URL 地址爬取对应的网页，存储进已下载的网页库中。此外，将已经爬取过的 URL 放进已抓取 URL 队列中。

4）判断是否满足爬虫系统设置的停止条件。一旦满足条件，停止爬取，将重复循环抓取及获得新的 URL 地址，直至爬虫退出循环。

活动效果评价

本次活动有助于读者理解以下知识。

1）网络爬虫是一种数据收集方式。

2）爬虫的主要目的是将 Web 服务器上的网页内容下载到本地，为搜索引擎系统提供数据来源。

3）爬虫主要原理与流程。

活动 3　了解常用网络爬虫工具

目前已经发布了许多用于一般用途的网络爬虫工具，帮助用户轻松获得需要的网络资源。以下将介绍一些常用的爬虫工具。

1. Python Scrapy

Python Scrapy 是基于 Python 开发的一个快速、高层次的 Web 爬取框架。该框架集成了各种数据采集功能，包括高性能异步、队列、解析、持久化等功能模块，主要用于爬取网页站点，并从网页中获取结构化的数据。Python Scrapy 框架应用非常广泛，可用于爬虫开发、数据挖掘等。

Python Scrapy 框架定制化程度高，可移植性强，用户只需要定制开发几个模块就可以实现定制的爬虫，但是 Python Scrapy 不支持分布式爬取，同时编写时间较长，对用户的 Python 知识要求高。

2．Nutch

Nutch 是 Apache 旗下的一个使用 Java 实现的开源项目。Nutch 的设计初衷是为了解决当时的商业引擎不开源问题的。因此，Nutch 是一个开放源代码。

Nutch 最初是一个搜索引擎，它提供了搜索引擎所需要的工具，包括搜索引擎和网页爬虫。Nutch 支持分布式，可以通过配置网站地址、规则，以及采集的深度（通用爬虫或全网爬虫）对网站进行采集，并提供了全文检索功能，可以对采集的海量数据进行全文检索。

3．WebMagic

WebMagic 是一个简单灵活的基于 Java 开发的爬虫框架。基于 WebMagic 可以快速开发一个高效、易维护的爬虫。其主要特点是具有模块化的结构，可以轻松地实现扩展，具有简单的 API，用户很容易掌握，同时还支持多线程和分布式爬取。

WebMagic 主要由 4 大模块组成。Downloader：下载页面模块，负责从互联网上下载页面，以便后续处理；PageProcessor：解析页面模块，负责解析页面，抽取有用信息，发现新的链接；Scheduler：管理 URL（去重）模块，负责管理待抓取的 URL，以及一些去重的工作；Pipeline：结果处理（持久化）模块，负责抽取结果处理，包括计算、持久化到文件、数据库等。

WebMagic 的主要特点如下。

1）完全模块化的设计，强大的可扩展性。

2）核心内容虽然简单，但是涵盖爬虫的全部流程，灵活而强大。

3）提供丰富的抽取页面 API。

4）无须配置，可通过 POJO+注解形式就可以实现一个爬虫。

5）支持多线程，支持分布式，支持爬取 js 动态渲染的页面。

6）无框架依赖，可以灵活地嵌入到项目中。

4．Web Scraper

Web Scraper 是一款免费的网站数据提取工具，不需要像 Python 爬虫那样编写代码，主要以谷歌扩展插件的形式存在，使用比较简单，适合轻度的数据爬取，最大特点是对环境要求不高，只需要有一个版本不是很低的 Chrome 浏览器。目前许多浏览器都支持 Web Scraper 插件。

5．八爪鱼网页数据采集器

八爪鱼网页数据采集器是国内一款业界领先的网页一键采集软件，是模拟人浏览网页的行为，通过简单的页面选择，自动生成采集流程，从而将采集的网页数据转化为结构化数据。用户可以选择存储表格方式或数据库等多种形式，提供基于云计算的大数据云采集解决方案，实现数据采集。

以分布式云平台为核心，从不同网页获得用户所需的数据，八爪鱼网页数据采集器提供智能采集、模板采集、云采集、自定义采集等方式，具有使用简单、功能强大等优点。

⊙ 4.1.3 任务实施

Web Scraper 作为自动化爬虫工具，爬取目标是页面数据。Web Scraper 集成在 Chrome 浏览器中。因此，只需要在浏览器中安装此插件，使用 Web Scraper 采集数据前，需要在浏览器中安装 Web Scraper 插件。本任务由以下 3 个活动组成。

活动 1	使用 Web Scraper 插件安装	
活动 2	使用 Web Scraper 采集列车时刻表	
活动 3	任务评价	

活动 1　使用 Web Scraper 插件安装

Web Scraper 插件安装分为在线安装和离线安装两种方式。进入 Chrome 应用商店，选择在线安装。下面介绍如何离线安装。

1）下载 Web Scraper 插件，下载的插件后缀名称为.crx，将其解压。

2）在 Chrome 浏览器地址栏中输入 chrome://extensions/。在扩展程序中选择"加载已解压的扩展程序"，选择已解压的插件压缩文件目录，安装插件，如图 4-9 所示。

（a）Chrome 浏览器扩展程序安装页面

（b）Web Scraper 插件成功安装页面

图 4-9　Web Scraper 安装页面

3）安装完毕后，在浏览器的菜单上选择"工具"→"开发者工具"，将出现如图 4-10 所示界面。在菜单栏可以看到 Web Scraper 插件选项。

图 4-10　开发者工具栏上的 Web Scraper 插件显示

活动 2　使用 Web Scraper 采集列车时刻表

在浏览器中安装完成 Web Scraper 插件后，利用 Web Scraper 在具体网页上爬取成都到重庆的列车时刻表数据。

1. 定位 Web Scraper，新建爬取站点 Sitemap

打开要爬取数据的网页，如 http://www.huochepiao.com/，查询成都到重庆的车次，显示搜索结果，并且在此页面打开开发者工具，并定位到 Web Scraper 标签栏，单击"Create Sitemap"，如图 4-11 所示。

（a）车次查询结果网页

图 4-11　定位页面操作

（b）Create Sitemap 页面

图 4-11　定位页面操作（续）

在 Create new sitemap 菜单下有两个选项：Import Sitemap 和 Create Sitemap。Import Sitemap 是导入一个已有的 Sitemap。这里选择 Create Sitemap 选项。

2．输入网站地址

单击 Create Sitemap 后，输入 Sitemap 名称和 Start URL。

Sitemap 名称表示需要爬取数据的任务名称，比如给任务名称命名为 tickets。

Start URL 就是查询数据的页面网址，可以直接将网页链接复制到 Start URL 一栏，完成后，单击 Create Sitemap，如图 4-12 所示。

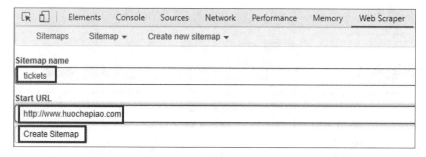

图 4-12　创建新站点图

注意，Sitemap 名称不支持中文。

3．创建 Selector 并填写选项

Selector 填写分为两级：一级设置将要爬取的数据范围，在 Selector 下设置；二级选项主要包括要爬取的字段定义。

在页面中单击 Add new selector 按钮，创建一级 Selector，如图 4-13 所示。

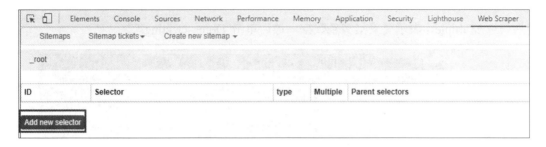

图 4-13　添加新选择器

在出现的 Selector 页面上，填写以下选项。

1）选择 Type：Type 表示要抓取数据的类型，如元素、文本、链接、表格等类型。这里选择 Table，表示爬取网页中表格数据。

在 Type 下拉菜单中，选择 Table 项，如图 4-14 所示。

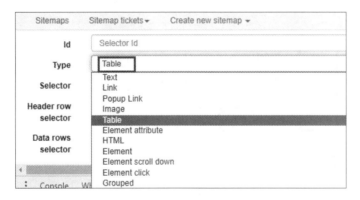

图 4-14　选择类型项

2）Select 选择范围：在下面的 Selector 选项中，单击 Select 后，切换到要爬取数据的网页。

在网页上移动光标，发现光标所到之处会有颜色变化，用鼠标选择要爬取数据的范围，这是待选区域；用鼠标单击后，才是选中了这块区域。Select 选项填写如图 4-15 所示。

在网页上将光标定位到表中需求里说的那一栏的某个链接处，例如选择车次，这个部分就会变成深色，说明已经选中了，继续选择需要的数据链接，并依次选择数据行，注意最后勾选 Multiple，表示要采集多条数据，最后单击"Done selecting!"。

（a）Select 操作过程

（b）完成每个 Select 操作过程

图 4-15　填写 Selector 选项

4．保存设置并预览

重复以上操作，直到选择完所有需要爬取的字段。

5．保存设置并预览

参数设置完成后，单击 save selector 保存。单击 Element Preview，可以预览选择的区域。单击 Data Preview，可以在浏览器里预览抓取的数据，如图 4-16 所示。

Data Preview

车次↓	出发站	开车时间	到达站	到达时间	用时	里程	硬座
Z50	成都	11:42	重庆北	14:36	2小时54分	315	254.5
K871/K874	成都东	14:17	重庆西	17:43	3小时26分	309	46.5
K585/K588	成都	17:52	重庆北	21:30	3小时38分	317	46.5

图 4-16　Data Preview 预览效果

6．开始抓取数据

单击 Sitemap tickets 下的 Scrape 抓取数据，并通过 Sitemap tickets 的 Browse 查看抓取的结果，如图 4-17 所示。

（a）执行与查看命令选择

出发站	开车时间	到达站	到达时间	用时	里程	硬座	软座	硬卧上/中/下	软卧上/下
成都东	08:35	重庆北	10:09	1小时34分	319	154	246.5	0/0/0	0/0
成都东	07:06	重庆西	08:30	1小时24分	302	146	233.5	0/0/0	0/0
成都东	09:11	重庆北	11:20	2小时9分	313	96.5	116	0/0/0	0/0
成都	11:42	重庆北	14:36	2小时54分	315	254.5	-	434.5/449.5/464.5	687.5/717.5
成都东	14:58	重庆北	16:40	1小时42分	319	154	246.5	0/0/0	0/0

（b）执行结果预览

图 4-17　抓取数据

7．数据导出

数据爬取完成后，使用 Export data as CSV 选项，以 CSV 格式将数据导出，单击"Download now！"，数据导出如图 4-18 所示。

图 4-18　数据导出

8．数据查看

下载后的文件名后缀为.csv，以 Excel 方式打开，爬取的部分数据如图 4-19 所示。

	车次↑	出发站	开车时间	到达站	到达时间	用时	里程	硬座	软座	硬卧上/中	软卧上/下
1											
2	null	成都东	8:35	重庆北	10:09	1小时34分	319	154	246.5	0/0/0	0/0
3	null	成都东	7:06	重庆西	8:30	1小时24分	302	146	233.5	0/0/0	0/0
4	null	成都东	9:11	重庆北	11:20	2小时9分	313	96.5	116	0/0/0	0/0
5	null	成都	11:42	重庆北	14:36	2小时54分	315	254.5	—	434.5/449	687.5/717.5
6	null	成都东	14:58	重庆北	16:40	1小时42分	319	154	246.5	0/0/0	0/0
7	null	成都	8:37	重庆北	13:43	5小时6分	315	46.5	—	92.5/97.5	140.5/146.5
8	null	成都东	14:58	重庆北	16:40	1小时42分	319	154	246.5	0/0/0	0/0
9	null	成都东	9:46	重庆北	11:25	1小时39分	302	146	233.5	0/0/0	0/0
10	null	成都东	12:12	重庆北	14:37	2小时25分	319	154	246.5	0/0/0	0/0
11	null	成都东	7:57	重庆北	10:17	2小时20分	304	96.5	116	0/0/0	0/0
12	null	成都东	7:18	重庆西	9:42	2小时24分	302	89	107	0/0/0	0/0
13	null	成都	17:52	重庆北	21:30	3小时38分	317	46.5	—	92.5/97.5	140.5/146.5

图 4-19　爬取的部分数据

下载的数据可能有数据缺失或者不完全，后续可以利用数据预处理工具进行处理后再利用。

活动 3　任务评价

本次任务是使用 Web Scraper 插件工具采集网页数据，完成后，将能够理解网页数据采集的基本原理和采集流程。

1）完成 Web Scraper 插件安装。

2）搜索和了解爬虫软件，比较其优缺点。下载一款爬虫软件，并安装使用。

⊙ 4.1.4 任务效果

本次任务主要解决了使用网页爬虫工具需要的基本知识，理解和掌握网页数据请求的基本原理、基本流程，同时也介绍了一些流行易用的爬虫工具。用户可以根据自己对工具的掌握和对数据的需求，选择相应的工具。

1）WebMagic 工具：需要用户有 Java 编程背景。

2）八爪鱼工具：国内自行开发的一款工具，根据用户浏览网页界面的习惯设置采集流程。

3）Web Scraper 插件：谷歌公司提供的一款简单、易用的网页数据采集工具。

任务 4.2 使用八爪鱼工具采集数据

⊙ 4.2.1 任务描述

八爪鱼是国内一款先进的网络数据爬虫工具，通过配置采集规则，可以从不同网站和网页上获取数据，并将数据转换为规范化的数据，实现对数据的自动化采集、编辑、规范化。

本次任务是使用八爪鱼采集器采集 58 同城上的房屋简介、类型、价格等信息，并写入 house.csv 文档中，以表格方式存储。

⊙ 4.2.2　知识准备

1．八爪鱼工作原理

八爪鱼采集数据过程其实是模拟人浏览网页、复制数据的行为，在工具中模拟设置记录网页采集数据动作流程，实现自动浏览网页，自动复制网页数据，从而实现自动从网页采集数据，通过不断重复一系列已经设定的动作流程，实现全自动采集大量数据。

2．数据采集基本步骤

八爪鱼采集数据一般分为3步。

1）输入网页：在客户端输入需采集的网页地址，或选择相应的网站模板。

2）设计采集流程：设置采集字段和参数。

3）启动采集：保存设置，启动数据采集。

3．具体步骤描述如下

1）打开网页，确定目标数据。

打开需要爬取数据的网页，在程序菜单中新建任务并输入网址，新建一个打开网页流程模板。

2）单击元素

元素是指网页中的某个按钮，或者某个链接，也或者是某个图片或文字。这个步骤是模拟人搜索或者提交某个请求。单击元素后，可能会采取的动作是采集该元素文本，或者将鼠标移到该链接上，通过选择单击该按钮进行确认。

假设单击某个元素的目的是循环翻页，或者提取数据，那么在单击元素之后，可以单击相关按钮选择相应的设置。

3）循环翻页

很多数据可能一页显示不全，存在翻页的情况，如果采集的数据需要翻页实现，那么工具也将模拟翻页行为，通常是找到翻页的位置，比如网页底部的"下一页"按钮。当单击"下一页"时，工具会提示选择"循环单击下一页""采集该链接文本""单击该链接"，根据需要选择行为。

4）提取数据

在网页上选择想要提取的页面范围，移动鼠标到页面上会呈现蓝色的阴影面积，选择提取数据范围，单击想要提取的页面范围后，在右侧选择"采集数据"即可。

⊙ 4.2.3　任务实施

本次任务由以下 2 个活动组成。

活动 1　工具安装注册登录准备	
活动 2　采集流程设计	

活动 1　工具安装注册登录准备

1）通过八爪鱼官网下载安装包。

2）安装中需要注册/登录，如图 4-20 所示。可在官网直接免费注册，也可打开八爪鱼采集器免费注册。如果已经有账号，则输入账号登录即可。

图 4-20　八爪鱼登录界面

3）登录邮箱，激活账号。如果是新注册用户，则在注册成功后，将要求用户到邮箱激活账户。账户激活（或登录）成功后，进入八爪鱼采集界面。

活动 2　采集流程设计

八爪鱼采集界面如图 4-21 所示。

图 4-21　八爪鱼采集界面

八爪鱼提供了简易采集和自定义采集两种数据采集方式。其中，简易采集提供了一些国内主流网站的采集规则，也可以直接在提供的采集地址输入栏中输入需要采集数据的网址。

1）通过"新建"菜单可以选择自定义采集数据，或者通过模板采集，导入已建立的任务。八爪鱼新建采集任务界面如图 4-22 所示。

图 4-22　八爪鱼新建采集任务界面

2）确定目标地址和爬取目标数据，这里输入 58 同城的官网地址定义爬虫目标首页，如图 4-23 所示。

图 4-23　定义爬虫目标

3）单击"保存设置"按钮，进入商品详情界面，如图 4-24 所示。

图 4-24　商品详情界面

4）创建翻页循环。如果完成当前页面的数据浏览，需要翻页继续浏览相关网页。通过八爪鱼采集器可以增加一个翻页循环操作。在完成当前页面内容爬取后，翻页到下一网页继续爬取。创建翻页循环界面如图 4-25 所示。

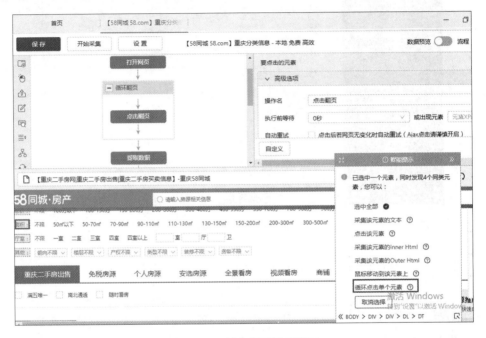

图 4-25　创建翻页循环界面

5）创建列表循环。为了获取每个商品对应的详细信息，如价格、房屋简介、类型等信息，需要逐一单击当前页面中每个商品的链接，八爪鱼需要建立一个列表循环，根据列表循环所有的链接。

选中需要查看网页中的第一个商品位置，系统会自动识别页面中与其相似的链接，在弹出的提示中，选择"选中全部"，再勾选"循环点击每个链接"。创建循环列表界面如图 4-26 所示。

6）开始数据爬取。在完成列表循环创建后，系统将自动进入第一个商品详细界面，此时，依次单击需要采集的界面字段，在出现的提示窗口选择"采集该元素的文本"。数据爬取界面如图 4-27 所示。

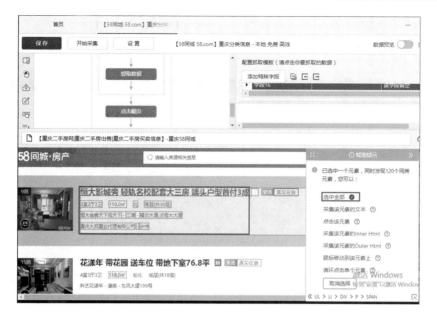

图 4-26　创建循环列表界面

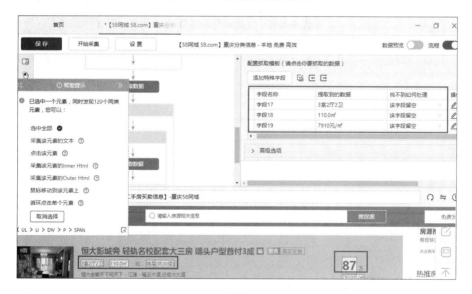

图 4-27　数据爬取界面

7）单击页面菜单"开始采集"，在弹出的窗口中选择"本地采集"。数据采集完成界面如图 4-28 所示。

图 4-28　数据采集完成界面

8）如果需要将数据导出，选择导出数据选项。根据需要，选择保存数据文件类型。数据导出显示界面如图 4-29 所示。

（a）数据导出格式选择页面

图 4-29　数据导出显示界面

字段4	字段5_文本	字段5_链接	字段6	字段7	字段8	字段9	字段10	字段11
2室2厅1卫	双福实验学校对面 首付1	https://short.58.com/zd_	2室2厅1卫	63.0m²	南	中层(共30层)29		4604元/m²
2室2厅1卫	天玺一品新出房源，业主	https://short.58.com/zd_	2室2厅1卫	63.5m²	南	高层(共33层)32.6		5134元/m²
3室2厅2卫	杨家坪直港天合家园精装	https://short.58.com/zd_	3室2厅2卫	128.0m²	南	低层(共33层)108		8438元/m²
2室2厅1卫	上品景苑清水2室，楼层	https://short.58.com/zd_	2室2厅1卫	72.0m²	东	中层(共32层)31.5		4375元/m²
2室2厅1卫	(新上房源在售)轻轨6号线	https://short.58.com/zd_	2室2厅1卫	81.64m²	南	低层(共25层)115		14087元/m²
15室3厅7卫	保利国际高尔夫花园15室	https://short.58.com/zd_	15室3厅7卫	360.6m²	北	地下(共3层)1490		41321元/m²
1室1卫	急售　业主婚房只住了几	https://short.58.com/zd_	1室1厅1卫	55.0m²	西北	低层(共33层)30		5455元/m²
5室2厅3卫	亏本急售！恒大照母山郡	https://short.58.com/zd_	5室2厅3卫	178.0m²	南北	共3层	315	17697元/m²
3室2厅1卫	单价8000！买大渡口步行	https://short.58.com/zd_	3室2厅1卫	145.0m²	南	中层(共18层)120		8276元/m²
3室2厅1卫	商贸城 学区房 精装三房	https://short.58.com/zd_	3室2厅1卫	91.0m²	南	中层(共23层)43.8		4814元/m²
2室2厅1卫	永川天然氧吧 邻近茶山	https://short.58.com/zd_	2室2厅1卫	86.0m²	南	低层(共7层)29.8		3466元/m²
4室2厅1卫	给自己的过年礼物，豪华	https://short.58.com/zd_	4室2厅1卫	100.0m²	东北	低层(共32层)80		8000元/m²
3室2厅1卫	永辉超市楼上 精装小三房	https://short.58.com/zd_	3室2厅1卫	84.0m²	南	低层(共32层)110		13096元/m²
3室2厅1卫	恒大2期全新3房急售！总	https://short.58.com/zd_	1室2厅1卫	107.0m²	南	中层(共32层)70		6543元/m²
4室2厅3卫	江山樾叠拼 257万急售带	https://short.58.com/zd_	4室2厅3卫	137.0m²	南北	共5层	257	18760元/m²
3室2厅1卫	单价四千多买八成新 潼	https://short.58.com/zd_	3室2厅1卫	110.0m²	西北	中层(共12层)53		4819元/m²
1室1厅1卫	观音桥商业中心上 水电	https://short.58.com/zd_	1室1厅1卫	51.0m²	南北	低层(共33层)86		16863元/m²
3室2厅1卫	急售 超低首付 华茂商圈	https://short.58.com/zd_	3室2厅1卫	132.0m²	南北	低层(共8层)45.8		3470元/m²
3室2厅1卫	品质小区环境优美 三房	https://short.58.com/zd_	3室2厅1卫	95.72m²	南	中层(共32层)115		12015元/m²
1室1厅1卫	优！首付3.5万起、复式精	https://short.58.com/zd_	1室1厅1卫	40.0m²	南北	中层(共27层)45.8		11450元/m²
3室2厅1卫	首付15万享精装正3室，读	https://short.58.com/zd_	3室2厅1卫	95.0m²	东	中层(共33层)59.8		6295元/m²

（b）数据导出为 excel 格式

图 4-29　数据导出显示界面（续）

⊙ 4.2.4　任务效果

该任务使用八爪鱼工具完整实施了网页数据采集过程，并获得数据，帮助掌握八爪鱼采集数据的设置流程。

八爪鱼数据采集系统利用先进的分布式云架构采集技术，可以全天候监控采集不同网站、论坛、微博等平台数据的变化，帮助用户及时获得所需数据。

┌•项目小结•

1．本项目介绍了网页数据爬取基本知识。

2．网页爬取的基本流程。

3．一般主流网页爬取框架。

4．Web Scraper 爬取工具使用方法。

5．熟悉八爪鱼工具爬取网页数据流程。

习题

实践题

自行学习和使用 Nutch 框架，利用 Nutch 完成任务。

项目五

完成招聘数据预处理

 项目描述

本项目将已经采集到的某销售公司产品某一个月的销售数据进行预处理，采集到的数据大约有 1 000 多条记录，数据字段包括交易日期、产品名称、价格、付款类型、国家、州、城市、邮政编码等。由于原始数据中存在大量重复数据，以及某些列数据缺失，因此，在使用此数据集进行数据分析前，需要对数据集进行数据清洗。本项目将使用 OpenRefine，Kettle 工具对数据中不完整的数据值进行补充、去除重复值、处理文本等。

 学习目标

本项目完成后，学生将能够：

1）了解数据清洗流程；

2）掌握数据清洗常用方法；

3）学会 OpenRefine 数据预处理方法；

4）掌握 Kettle 数据预处理方法。

 任务单

5.1 使用 OpenRefine 完成数据清洗任务。

5.2 使用 Kettle 完成数据集成任务。

任务 5.1　使用 OpenRefine 完成数据清洗任务

⊙ 5.1.1　任务描述

数据清洗是数据预处理中一个很重要的环节。数据清洗过程是发现并纠正数据文件中可识别的错误，将没有实际意义、非法的数据格式、数据范围不合理等数据进行整理、合并、补充、替换等，达到去除异常、纠正错误、补足缺失等目的，使得清洗后的数据具有完整性、唯一性、合法性、一致性，提高数据质量。

本次任务将对某销售公司数据集进行清洗。该数据集主要记录交易日期、产品名称、价格、付款类型、国家、州、城市、邮政编码等字段，有很多问题，包括没有字段名称、一个列有多个参数、列数据单位不统一、有缺失值、有空行、有重复数据、有非 ASCII 字符、数据类型错误等。

⊙ 5.1.2　任务实施

本次任务会对销售数据进行清洗处理，包括字段检查，例如，邮政编码少于常规的长度要求，日期格式不统一或输入类型不一致需要转换，一个单元格内包含多个含义的内容，包含重复项等。其他常见问题是文本字段列中文本前后有空白，需要将其删除等。

本次任务由以下活动完成。

活动 1　使用 OpenRefine 处理数据缺失和空值	
活动 2　使用 OpenRefine 处理列值类型转换	
活动 3　使用 OpenRefine 处理列分割与列合并	

活动 1　使用 OpenRefine 处理数据缺失和空值

通过不同方法从不同的数据集中获得的数据通常存在数据不完整等问题，比如某些数据项缺失或者为空值。图 5-1 中 Excel 表格有多项数据缺失，或为空值。

	A	B	C	D
1		部分招聘数据		
2	职位	地点	部门	薪资
3	市场实习生	上海	市场部	6000-8000
4	客户服务	成都	售后服务	5000-6000
5	调试工程师	成都	技术部	6000-7000
6	财务助理		财务部	
7	财务部长	北京		
8	销售助理	南京	销售部	5500-6000

图 5-1　数据缺失与空值示例

数据缺失通常分为两类：一种是行数据记录缺失，也称为数据记录缺失；另一种是列数据中值缺失，也就是记录中某些列的值缺失。图 5-1 中的数据缺失就属于列数据中值缺失情况。

对于数据缺失情况，如果是行数据记录缺失，通常无法找回，数据列中值缺失一般采取直接删除整条信息或者采用均值插补，或者采用直接填充的方式来处理。

不同的存储方式对于缺失数据的表示也不同，例如在数据库中，通常空值表示为 Null。在 Pandas 中，用 NaN 表示。

1）打开 OpenRefine 网页创建项目，载入招聘数据文件。

单击新建项目，在弹出的页面上单击"选择文件"。选择该文件，选择"下一步"创建项目。OpenRefine 创建项目页面如图 5-2 所示。

2）当选择文件，单击"下一步"后，开始文件导入并出现导入数据的预览和格式需求，用户可以自行选择初始化文件导入方式。OpenRefine 创建项目初始化导入文件如图 5-3 所示。

解析导入文件中的数据格式。在默认情况下，文件第一行数据会被解析为列名称。OpenRefine 同时也会猜测单元格类型，给其赋予整数、日期、网址等信息。

127 ◄◄◄

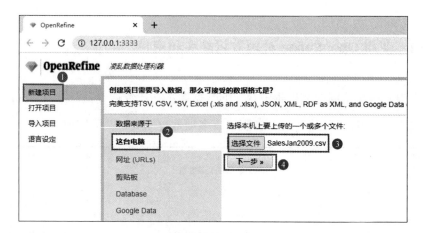

图 5-2　OpenRefine 创建项目页面

图 5-3　OpenRefine 创建项目初始化导入文件

初始选项中也可以设置数据列的分隔方式、是否移除字符串中的前后空白特殊符号等。另外，请确保编码正确。

当所有都设置好后，单击创建项目来加载数据。

3）创建项目后，进入 OpenRefine 操作界面。

OpenRefine 页面有两部分，分别为左边的筛选处理操作界面和右边的数据界面：操作界面主要记录完成的操作及处理的行、列数；数据界面显示操作完成后的数据集，如图5-4所示。

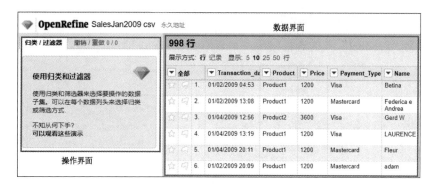

图 5-4　OpenRefine 操作界面

数据界面包括总行数、展示方式、列名称及单元格数据。其中，每一列名称前带有一个小箭头，单击小箭头后就能看见列操作菜单。

4）数据透视。

数据透视是以不同方式查看数据的方法，主要作用是统计查看某个字段内容分类和这些分类统计次数。

选择想要处理的列，例如"Product"列，单击该列前的箭头，出现操作菜单。选择归类选项下的"文本归类"选项。列归类操作选择界面如图5-5所示。

图 5-5　列归类操作选择界面

注意，如果列中的内容是文本数据类型，则选择第一项文本归类。如果是数字数据，就选择第二项数值归类。

5）左边操作页面出现透视结果。

图 5-6 为"Product"列的透视结果。可以看到，产品归类有 3 种，其中有 136 条记录是空值。

图 5-6　数据透视结果显示

6）选中空值列，将出现编辑按钮，如图 5-7（a）所示，弹出编辑框，如图 5-7（b）所示，对空值列的内容进行编辑。可以设置所有空值列的填充值，完成对空值列的填充。

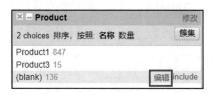

（a）编辑列选择

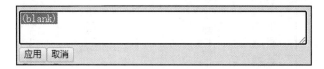

（b）空值列填写

图 5-7　空白值列操作

7）如果要删除空值列所在行，选中（blank），系统自动筛选所有缺失数据行后，单击全部选项下的"编辑行"里的"移除所有匹配的行"即可。运用此方法，可以对文本数据及数字数据进行筛选和删除两个操作。对选中空值列进行操作如图 5-8 所示。

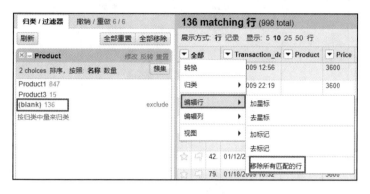

图 5-8　对选中空值列进行操作

活动 2　使用 OpenRefine 完成列值类型转换

原始数据不同列中的值，由于输入等原因，列中的数值数据格式不一致，包括英文单词大小写不统一造成分类偏差、填入额外的空格、首行有空格等。

例如，在销售数据集中，不规范的列值如图 5-9 所示。

▼全部		▼ Transaction_da	▼ Product	▼ Price	▼ Payment_Type	▼ Name	▼ City	▼ State
☆ 🗩	1.	01/02/2009 04:53	Product1	1200	Visa	Betina	Parkville	MO
☆ 🗩	2.	01/02/2009 13:08	Product1	1200	Mastercard	Federica e Andrea	Astoria	OR
☆ 🗩	3.	01/04/2009 12:56		3600	Visa	Gerd W	Cahaba Heights	AL
☆ 🗩	4.	01/04/2009 13:19	Product1	1200	Visa	LAURENCE	Mickleton	NJ
☆ 🗩	5.	01/04/2009 20:11	Product1		Mastercard	Fleur	Peoria	IL
☆ 🗩	6.	01/02/2009 20:09	Product1		Mastercard	adam	Martin	TN
☆ 🗩	7.	01/05/2009 02:42	Product1	1200	Diners	Stacy	New York	NY

图 5-9　不规范的列值

1）单击 Name 列的小箭头，选择编辑单元格，弹出菜单中的"常用转换"选项，选择"移除首尾空白"子选项，去除该列所有的行首和行尾空格。

2）选择"首字母大写"选项，将该列所有字符首字符大写，如图 5-10（a）所示，操作结果如图 5-10（b）所示。

（a）列值转换选择项

（b）列值首字母大写转换结果

图 5-10　首字母转换操作

在转换列表中，可以完成删除前后空白、字符首字大写、字符大小写转换等功能。

① 移除首尾空白：对数据进行删除多余首尾空格操作是提升数据质量的开始，即使是唯一标识符也不应该有空格，只能对字符串操作，不能对数字操作。

② 收起连续空白：在进行数据输入的时候，有时候会键入很多空格，这时可以将连续的空格收缩。

③ 反转义 HTML 字符：如果碰到一些值是以"&"开始的，并且以";"结束的话，使用该功能，文本内容就能够被正确解析。

④ 大小写转换：能够将文本字符串转换成全部小写、全部大写或者首字母大写。

3）活动练习。

① 根据表 5-1 中数据内容完成数据缺失处理，将无成绩记录的赵阳记录删除，将表中夏丹同学的成绩 1 使用平均值填写。

表 5-1　某班级学生成绩记录表

班　　级	姓　　名	成　绩　1	成　绩　2
1 班	李红	93	78
1 班	张明	88	89
1 班	詹敏	79	70
1 班	王晓玲	90	70
2 班	赵阳		
2 班	夏丹		96
2 班	孙丽	70	78
2 班	梅林	81	85
3 班	邓忠	97	92

活动 3　使用 OpenRefine 处理列分割与列合并

有时候，在表格数据中的某一个单元格中可能有多个值，例如，在客户联系人员信息表格中，客户联系方式可能存在将客户地址、电话号码填写在一个单元格中，将单元格信息分割成不同的列，或者将不同列的信息合并为一个单元格信息。

例如，在销售数据集中，将 City 列、State 列及 Country 列合并为地址列，并将

Transaction_data 列分割为年份和时间两列。操作数据列如图 5-11 所示。

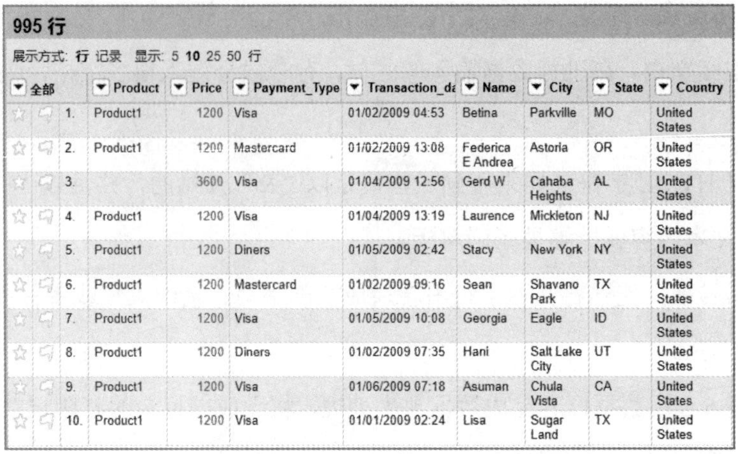

995 行

展示方式: 行 记录 显示: 5 10 25 50 行

全部	Product	Price	Payment_Type	Transaction_da	Name	City	State	Country
1.	Product1	1200	Visa	01/02/2009 04:53	Betina	Parkville	MO	United States
2.	Product1	1200	Mastercard	01/02/2009 13:08	Federica E Andrea	Astoria	OR	United States
3.		3600	Visa	01/04/2009 12:56	Gerd W	Cahaba Heights	AL	United States
4.	Product1	1200	Visa	01/04/2009 13:19	Laurence	Mickleton	NJ	United States
5.	Product1	1200	Diners	01/05/2009 02:42	Stacy	New York	NY	United States
6.	Product1	1200	Mastercard	01/02/2009 09:16	Sean	Shavano Park	TX	United States
7.	Product1	1200	Visa	01/05/2009 10:08	Georgia	Eagle	ID	United States
8.	Product1	1200	Diners	01/02/2009 07:35	Hani	Salt Lake City	UT	United States
9.	Product1	1200	Visa	01/06/2009 07:18	Asuman	Chula Vista	CA	United States
10.	Product1	1200	Visa	01/01/2009 02:24	Lisa	Sugar Land	TX	United States

图 5-11　操作数据列

1）单击将要合并的某一列前的小箭头，在出现的下拉菜单中选择“编辑列”下的“Join columns”，如图 5-12（a）所示；将出现合并数据列选择页面，如图 5-12（b）所示；合并数据列完成结果如图 5-12（c）所示。

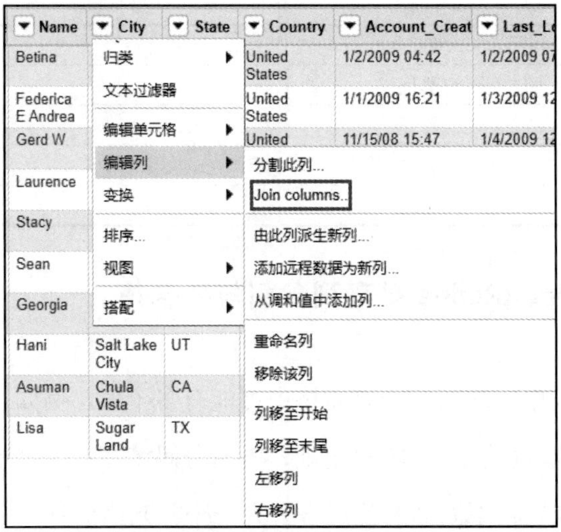

（a）合并数据列操作图

图 5-12　合并跟数据列操作

Join columns

Select and order columns to join

- ☐ **Name**
- ☐ Transaction_date
- ☐ Product
- ☐ Price
- ☐ Payment_Type
- ☑ City
- ☑ State
- ☑ Country
- ☐ Account_Created

全选 全不选

Select options

使用逗号分隔

Separator between the content of each column: `,`
Enter one or more characters, or keep blank to join the columns without separator.

- ○ Replace nulls with... _____
Enter one or more characters, or keep blank to replace nulls with blank strings.
- ● Skip nulls.

☐ In separator and nulls substitutes, use \n for new lines, \t for tabulation, \\n for \n, \\t for \t.

- ○ Write result in selected column.
- ● Write result in new column named... 地址
- ☐ Delete joined columns.

合并后结果放入新建列中，不删除原来的列

确定 取消

（b）合并数据列选择页面

地址	City	State	Country
Parkville,MO,United States	Parkville	MO	United States
Astoria,OR,United States	Astoria	OR	United States
Cahaba Heights,AL,United States	Cahaba Heights	AL	United States
Mickleton,NJ,United States	Mickleton	NJ	United States
New York,NY,United States	New York	NY	United States
Shavano Park,TX,United States	Shavano Park	TX	United States
Eagle,ID,United States	Eagle	ID	United States
Salt Lake City,UT,United States	Salt Lake City	UT	United States
Chula Vista,CA,United States	Chula Vista	CA	United States
Sugar Land,TX,United States	Sugar Land	TX	United States

（c）合并数据列完成结果

图 5-12　合并跟数据列操作（续）

在合并列操作页面中，勾选需要合并的 City 列、State 列及 Country 列，选择列合并中使用的分隔符，可以使用逗号等分割。如果某列中值为空值，则可以选择忽略空值或者使用代替值，同时选择合并后新列名称，删除被合并的列。

如图 5-12（c）所示，"地址"列是合并后的新列，列值是使用逗号隔开的 City 列、State 列及 Country 列内容的合并。

2）单击将要分割的"Transaction_data"列前的小箭头，在出现的下拉菜单中选择"编辑列"下的"分割此列"，如图 5-13（a）所示，将出现分割列操作页面，如图 5-13（b）所示。

在分割列操作页面中，可以选择分割列的方式及列分割后的选择，如选择分割符、分割后列的数据类型及是否删除被分割列等。

执行操作完成后，结果如图 5-13（c）所示。在图 5-13 中，新增 Transaction_data1 和 Transaction_data2，列值分别是日期和时间值。

（a）分割数据列选择

图 5-13　数据列分割操作

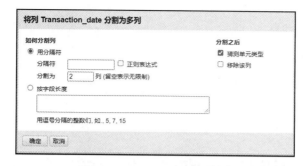

（b）分割数据列操作页面

▼ Transaction_da	▼ Transaction_da	▼ Transaction_d
01/02/2009 04:53	01/02/2009	04:53
01/02/2009 13:08	01/02/2009	13:08
01/04/2009 12:56	01/04/2009	12:56
01/04/2009 13:19	01/04/2009	13:19
01/05/2009 02:42	01/05/2009	02:42
01/02/2009 09:16	01/02/2009 edit	09:16
01/05/2009 10:08	01/05/2009	10:08
01/02/2009 07:35	01/02/2009	07:35
01/06/2009 07:18	01/06/2009	07:18
01/01/2009 02:24	01/01/2009	02:24

（c）数据列分割结果

图 5-13　数据列分割操作（续）

⊙ 5.1.3　任务效果

本次任务是使用 OpenRefine 完成数据预处理任务。OpenRefine 是一款数据预处理工具，提供大数据预处理。

1）OpenRefine 导入数据操作。OpenRefine 支持的数据格式文件类型为 tsv、csv、json、xls、xlsx、logs 等。

2）列操作：如查找替换。

3）对数据进行归类操作。

4）文本类型转换方式的理解和使用。

5）其他转换。

任务 5.2　使用 Kettle 完成数据集成任务

5.2.1　任务描述

有时需要将不同的数据集进行整合，比如一个学生的成绩来源于不同的学科教师，公司销售数据表来源于不同的地区等。为了全面了解学生成绩状况，需要将不同的数据集进行合并，合并后的数据可能有重复值，字段名不统一，或者有冗余子字段等情况。本次任务通过使用 Kettle 完成数据集成工作，同时了解 Kettle 基本概念及配置方式，掌握 Kettle 工具的安装配置方式。

5.2.2　任务实施

活动 1　使用 Kettle 合并 Excel 表格数据	
活动 2　使用 Kettle 处理数据重复值	
活动 3　使用 Kettle 合并数据表中国家字段和城市字段为属地字段	

活动 1　使用 Kettle 合并 Excel 表格数据

数据合并一般指将多个不同数据集的数据根据一定的要求进行数据整合的过程。例如，将两个不同表格数据根据相同列合并整理形成新的表格；将数据库 A 中的某张表的数据合并后插入数据库 B 中；也能够将同一数据表中不同字段合并为一个字段，或者将数据进行行列转换；等等。

将表 5-2（a）、表 5-2（b）的数据合并为表 5-2（c）数据。

表 5-2（a） 数学成绩表

学　　号	姓　　名	数　　学
2020001	王晓玲	70
2020002	张明	70
2020003	孙丽	96
2020004	刘丹	78
2020005	梅林	92
2020010	张扬	72

表 5-2（b） 语文成绩表

学　　号	姓　　名	语　　文
2020001	王晓玲	92
2020002	张明	91
2020003	孙丽	96
2020004	刘丹	89
2020005	梅林	99
2020010	张扬	81

表 5-2（c） 合并后数据表

学　　号	姓　　名	数　　学	语　　文
2020001	王晓玲	70	92
2020002	张明	70	91
2020003	孙丽	96	96
2020004	刘丹	78	89
2020005	梅林	92	99
2020010	张扬	72	81

1）启动 Kettle 程序，新建一个转换。选择"核心对象"→"输入"→"Excel 输入"，在页面中产生两个"Excel 输入"对象。两个"Excel 输入"分别对应数学成绩表和语文成绩表，"Excel 输入"对象配置如图 5-14 所示。

2）设置转换步骤。在"核心对象"目录下选择"转换"→"排序记录"，产生两组排序记录对象，并分别连接"Excel 输入"对象，主要目的是对数据输入做字段排序。"排序记录"对象添加与配置如图 5-15 所示。

3）记录集连接合并设置。根据合并要求选择文件连接方式，单击"连接"→"记录集连接"，产生"记录集连接"对象，如图 5-16 所示。

┌─ **说明** ───┐
│
│ "连接"选择可以根据不同的要求选择不同的连接方式，这里选择记录集的连接。
│
└──┘

图 5-14 "Excel 输入"对象配置

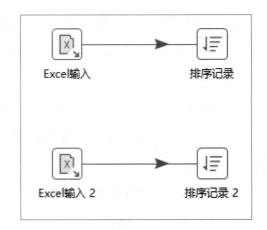

（a）添加"排序记录"对象

图 5-15 "排序记录"对象添加与配置

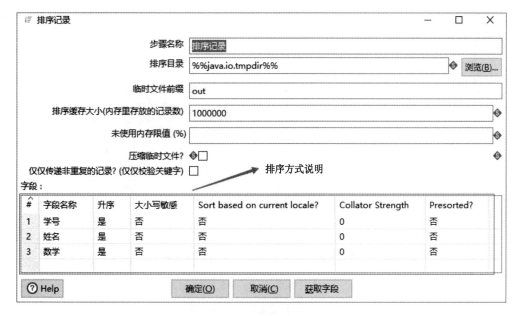

（b）"排序记录"对象设置方式

图 5-15 "排序记录"对象添加与配置（续）

（a）选择连接方式

图 5-16 "记录集连接"对象配置

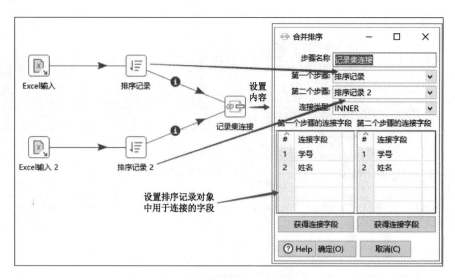

（b）"记录集连接"对象设置

图 5-16　"记录集连接"对象配置（续）

4）对连接后的字段进行选择操作（此步骤是对输入连接后形成的字段进行选择，确定最终输出字段）。单击"转换"→"字段选择"，生成"字段选择"对象，并对"字段选择"对象进行设置，设置选择字段，将冗余字段移除，如图 5-17 所示。

（a）选择"字段选择"选项

图 5-17　"字段选择"对象配置

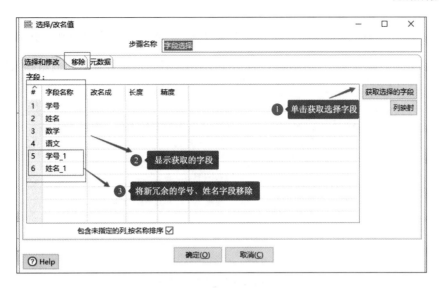

（b）选择字段和移除冗余字段

图 5-17   "字段选择"对象配置（续）

5）输出结果配置。单击"输出"→"Excel 输出"（这里选择输出结果以 Excel 文件保存），将产生"Excel 输出"对象，双击该对象，对输出选项进行设置，如图 5-18 所示。

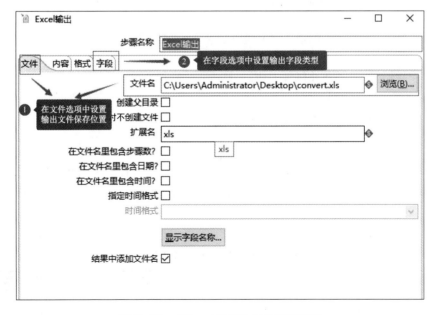

图 5-18   "Excel 输出"对象配置页面

6）当所有步骤配置完成后，运行该转换过程。如果所有配置成功，运行合并转换后的界面显示如图 5-19（a）所示。打开 Excel 输出文件，得到合并后的输出结果如图 5-19（b）所示。

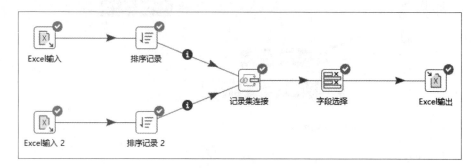

（a）运行合并转换后的界面显示

	A	B	C	D
	学号	姓名	语文	数学
	2020001	王晓玲	92.00	70.00
	2020002	张明	91.00	70.00
	2020003	孙丽	96.00	96.00
	2020004	刘丹	89.00	78.00
	2020005	梅林	99.00	92.00
	2020010	张扬	81.00	72.00

（b）输出结果

图 5-19　运行合并转换结果显示

至此，不同文件字段合并任务完成。

活动 2　使用 Kettle 处理数据重复值

观察表 5-3 中的数据，可以发现序号 1、3、4 重复，内容完全相同，而序号 5 和 8 学号字段和姓名字段相同，只有成绩字段不同。对于数据表中的重复数据，可以采取删除重复数据的组完成数据清洗。

表 5-3　某班级学生成绩记录表

序　　号	学　　号	姓　　名	成　　绩
1	2020001	王晓玲	70
2	2020002	张明	89

续表

序　号	学　号	姓　名	成　绩
3	2020001	王晓玲	70
4	2020001	王晓玲	70
5	2020004	刘丹	96
6	2020003	孙丽	78
7	2020005	梅林	85
8	2020004	刘丹	92

1. 使用 Kettle 工具删除重复数据

使用 Kettle 工具处理事先确定需要去重的 Excel 文件，如学生成绩表文件。

注意

　　Excel 文件去重之前，必须对需要去重字段进行排序。表 5-4 列出了已经根据学号和姓名进行升序排列的数据。

表 5-4　某班级学生成绩表

A	B	C	D
序　号	学　号	姓　名	成　绩
1	2020001	王晓玲	70
2	2020001	王晓玲	70
3	2020001	王晓玲	70
4	2020002	张明	70
5	2020003	孙丽	96
6	2020004	刘丹	78
7	2020004	刘丹	85
8	2020005	梅林	92

　　1）在 Kettle 工具菜单中，选择"文件"→"新建"→"转换"，Kettle 工具将新建一个转换页面，如图 5-20 所示。

　　2）创建 Excel 输入。在核心对象标签下选择"输入"→"Excel 输入"，在空白操作页面上将出现 Excel 输入图标，如图 5-21 所示。

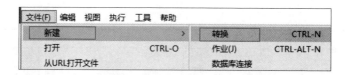

图 5-20　新建转换选择

（a）创建一个新的 Excel 输入选择

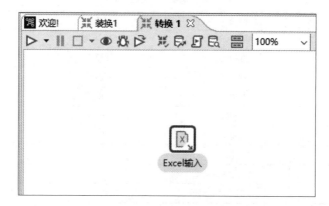

（b）新建 Excel 输入图标

图 5-21　创建一个新的 Excel 输入

3）创建 Excel 输出。在核心对象标签下选择"输出"→"Excel 输出"，也将在空白操作页面上出现 Excel 输出图标，如图 5-22 所示。

（a）创建一个新的 Excel 输出选择

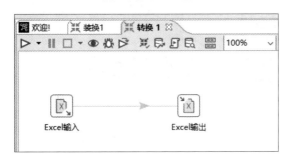

（b）新建的 Excel 输出图标

图 5-22　创建一个新的 Excel 输出

4）创建去除重复记录。在核心对象标签下选择"转换"→"去除重复记录"，操作页面上将出现"去除重复记录"图标，如图 5-23 所示。

5）将创建好的 3 个组件按照顺序重新连接，操作过程如图 5-24 所示。

首先去除建立组件的连接方式，按照实际连接方式建立新的连接，如图 5-24（a）所示，在"Excel 输入"组件中选择输出图标，将出现连接箭头，将连接箭头连接到"去除重复记录"组件上，两个组件将通过有箭头线连接。同理，将"去除重复记录"组件与"Excel 输出"组件连接在一起，如图 5-24（b）所示。

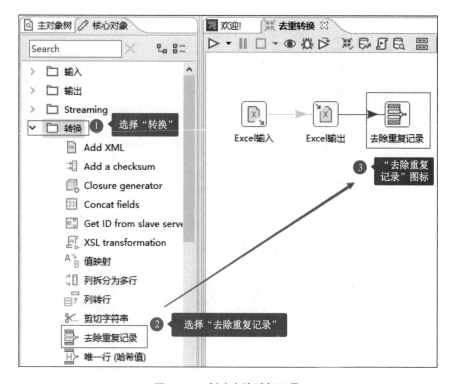

图 5-23　创建去除重复记录

（a）选择输出连接操作

（b）顺序完成连接顺序

图 5-24　组件连接顺序操作

6）对每个组件进行配置操作。首先，对"Excel 输入"组件进行配置，一般需要配置

Excel 表格类型参数，指定需要去重的 Excel 文件名称、Excel 文件中的工作表及选择去重列字段等，如图 5-25 所示。

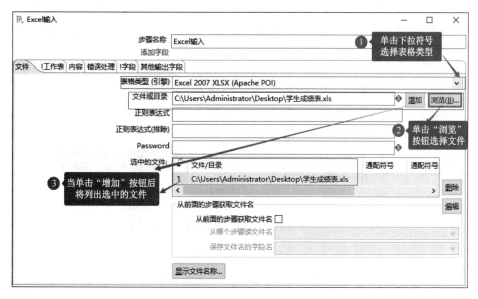

（a）Excel 文件选择设置

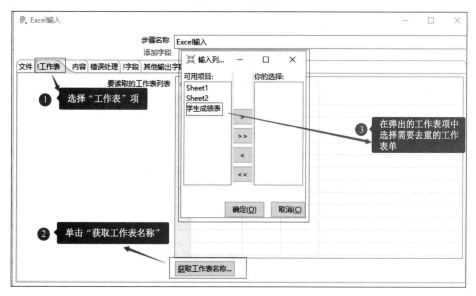

（b）Excel 工作表单选择

图 5-25 Excel 输入组件设置

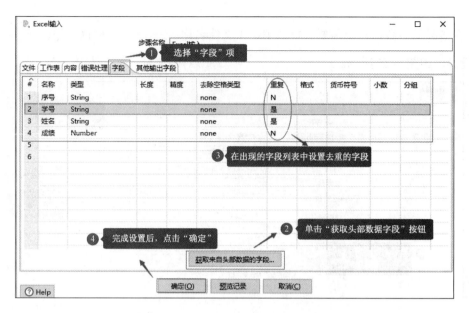

（c）Excel 工作表字段选择

图 5-25　Excel 输入组件设置（续）

7）对"去除重复记录"组件进行配置操作。主要选择去重字段名称，以及设置对该字段是否忽略大小写，如图 5-26 所示。

图 5-26　"去除重复记录"组件设置

8）对"Excel 输出"组件进行配置操作。在文件名中选择操作内容，并选择获取字段进行去重操作。"Excel 输出"组件设置如图 5-27 所示。

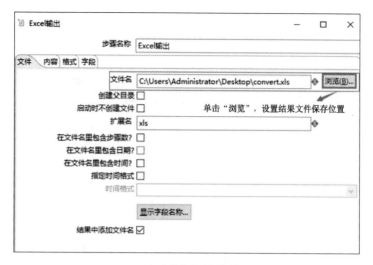

（a）文件保存选择设置

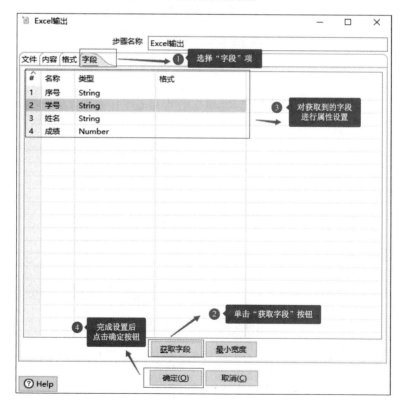

（b）输出字段设置

图 5-27 "Excel 输出"组件设置

9）对组件设置完成后，开始进行去重转换操作。选择操作页面的运行图标开始运行转换，如图5-28所示。

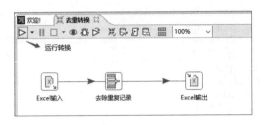

（a）运行转换任务

（b）去重操作运行成功后状态

图5-28　完成去重转换操作

10）查看去重转换结果。在输出的Excel文件中查看操作结果，如图5-29所示。

	A	B	C	D
1	序号	学号	姓名	成绩
2	1.0	2020001.0	王晓玲	70.00
3	4.0	2020002.0	张明	70.00
4	5.0	2020003.0	孙丽	96.00
5	6.0	2020004.0	刘丹	78.00
6	8.0	2020005.0	梅林	92.00

图5-29　完成去重转换操作

2. 活动效果

图5-30中有两列字段。使用Kettle工具去除重复功能，将两列值相同的数据删除。

职工工号	工资收入
200604005	4500
201303012	3900
201004005	4300
200604005	4500
200703009	4450
201204024	4300
200809012	4120

图5-30　示例数据

活动 3　使用 Kettle 合并数据表中国家字段和城市字段为属地字段

在数据处理过程，有时候需要将数据库中的数据表的不同字段合并为一个字段，比如数据库中用户信息表中有国家字段，另外一张表中有城市字段，如何将国家和城市字段合并成一个字段。这时，可以使用 Kettle 工具将数据库不同字段合并成一个字段插入表中。

假设 Employee 数据库中有职工表 A 和职工表 B。职工表 A（如表 5-5 所示）中，存在国家字段和城市字段。如果国家字段值为"中国"，城市字段为"重庆"，将两个字段合并形成为"中国重庆"，插入到职工表 B 的属地字段。

表 5-5　职工表 A

SC-20190226152...yee - dbo.职工表A　┐ ×					
职工号	姓名	性别	年龄	国家	城市
2020001	王晓玲	女	34	中国	重庆
2020002	张明	男	30	中国	株洲
2020003	孙丽	女	40	中国	杭州
2020004	刘丹	女	28	中国	北京
2020005	梅林	女	39	中国	北京
2020006	张扬	男	44	中国	成都

执行转换后，职工表 B 内容如表 5-6 所示。其中，属地字段内容来自于职工表 A 的国家字段和城市字段的合并。

表 5-6　职工表 B

SC-20190226152...yee - dbo.职工表B　┐ ×					
职工号	姓名	性别	年龄	属地	
▶ 2020001	王晓玲	女	34	中国	重庆
2020002	张明	男	30	中国	株洲
2020003	孙丽	女	40	中国	杭州
2020004	刘丹	女	28	中国	北京
2020005	梅林	女	39	中国	北京
2020006	张扬	男	44	中国	成都

1）在 Kettle 运行程序中新建一个转换。

2）选择主对象树→转换→DB。单击 DB 右键，在弹出的菜单中选择新建（新建数据库连接向导），创建对 Employee 数据库的连接，如图 5-31 所示。

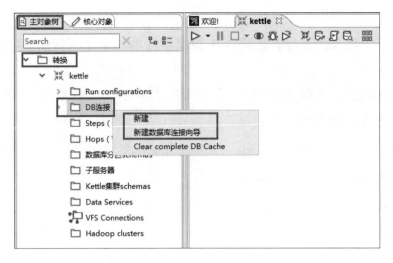

图 5-31　数据库连接设置

3）选择"新建"，将弹出新建数据库连接设置窗口。在该窗口中，根据数据库类型填写连接选项，如图 5-32 所示。

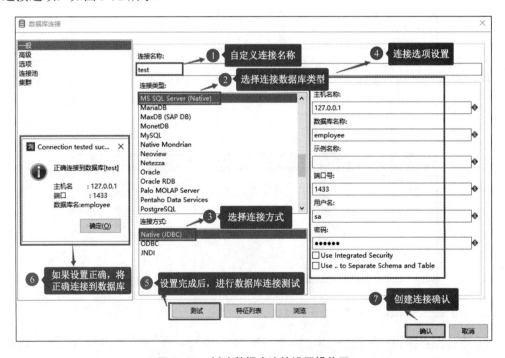

图 5-32　新建数据库连接设置操作图

链接选项说明如下。

① 在连接名称栏：自定义连接名称，如 test。

② 连接类型选择：在连接类型列表选项中，根据实际使用的数据库类型进行选择，如 SQL Server 数据库类型。

③ 连接方式选择：当选定了具体数据库连接类型，在连接方式中选择具体连接方式，如通过 JDBC 方式连接数据库。

④ 设置选项：设置具体连接数据库参数，如数据库主机名称、数据库名称、端口号、连接用户和密码等。

⑤ 设置完成后，可以进行数据库连接测试。如果连接数据库成功，将弹出连接成功提示信息。如果连接不成功，请检查具体的数据库服务器参数是否设置正确。

⑥ 如果数据库连接成功后，单击确定按钮，保存连接设置。

4）单击左侧栏中的核心对象→表输入，拖到右侧的编辑区中，编辑区的"表输入"图标，编辑数据输入源，如图 5-33 所示。

5）选择左侧栏中的核心对象→脚本→JavaScript 脚本，将 JavaScript 脚本对象拖到右侧的编辑区中，并与"表输入"连接，编辑 JavaScript 脚本对象。JavaScript 设置如图 5-34 所示。

（a）表输入对象

图 5-33　输入数据源设置

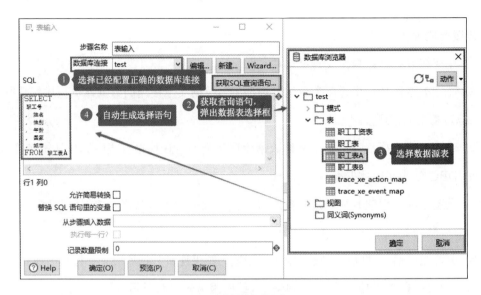

（b）编辑数据输入源

图 5-33 输入数据源设置（续）

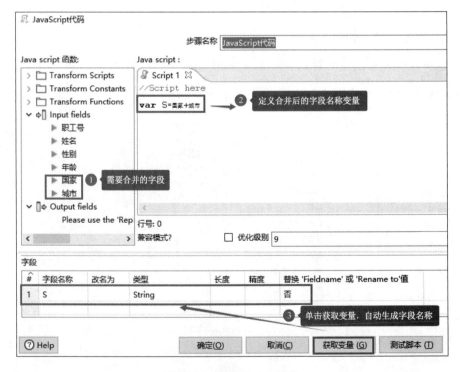

图 5-34 JavaScript 设置

因为需要将"国家"和"城市"字段内容合并成新的"属地"字段的值，所以在"Java script："输入框中输入变量定义信息，如"var S=国家+城市"，定义 S，单击获取变量，自动将定义的 S 输出到字段栏中，修改字段名称为"属地"。

6）选择左侧栏中的核心对象→ 插入/更新，将插入/更新对象拖到右侧的编辑区中，并与"JavaScript 脚本"连接，编辑插入/更新的目标表，如图 5-35 所示。

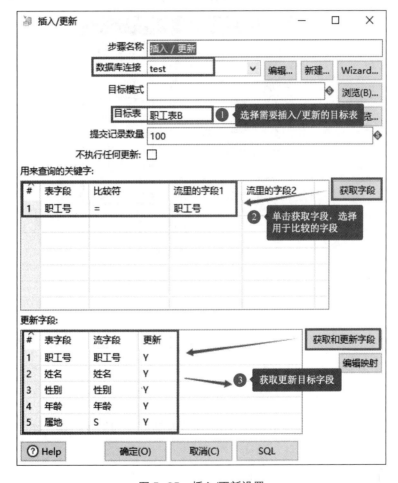

图 5-35　插入/更新设置

7）转换设置完成，运行该转换。运行成功后，查看数据库中职工表 B 字段内容，如图 5-36 所示。

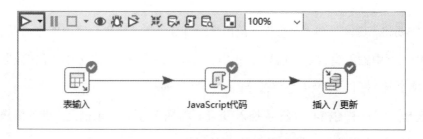

（a）运行成功后界面显示

	职工号	姓名	性别	年龄	属地	
1	2020001	王晓玲	女	34	中国	重庆
2	2020002	张明	男	30	中国	株洲
3	2020003	孙丽	女	40	中国	杭州
4	2020004	刘丹	女	28	中国	北京
5	2020005	梅林	女	39	中国	北京
6	2020006	张扬	男	44	中国	成都

（b）目标表内容

图 5-36 运行转换

活动 4 任务评价与总结

本次任务通过完成几个活动掌握了 Kettle 数据 ETL 工具的基本知识和使用情况，并通过活动了解和掌握 ETL 的概念和流程。

1）Kettle 基本概念。

2）Kettle 主要应用数据清洗，在应用程序或数据库之间进行数据迁移。

3）数据库数据很容易迁移到文件。

⊙ 5.2.3 任务效果

本次任务是使用 Kettle 工具完成数据预处理任务，包括 Excel 表格数据项的重复数据项处理、字段合并与分离等数据处理操作。

Kettle 是一款数据预处理工具。任务实施完成后，能熟练使用 Kettle 提供的功能对大数据进行预处理。

1）连接数据源获得数据，例如连接关系数据库获取数据，连接有分隔符和固定格式的 ASCII 文件获取数据，从 XML 文件中获取数据等。

2）Kettle 可以通过并发、分区等方式处理数据。

3）Kettle 强大的数据转换功能，在输入和输出之间，通过数据校验、连接、分割、合并、排重、替换等操作对数据进行转换。

4）Kettle 提供了强大的测试和调试功能。

项目小结

1．了解大数据预处理概念。

2．大数据清洗主要对缺失数据、重复数据等脏数据进行处理。

3．了解大数据预处理工具及使用流程。

4．了解 OpenRefine 工具对数据的清洗。

5．了解 Kettle 工具对数据的清洗。

习题

一、选择题

1．在数据清洗中，下面不是 Kettle 组件的是（　　　）？
　　A．Spoon　　　　　B．Pan　　　　　　C．Chef　　　　　　D．chen

2．在数据清洗的透视操作中，OpenRefine 的主要工作出现透视错误的是（　　　）？
　　A．数字透视　　　B．文本透视　　　C．散光图透视　　　D．时间线透视

3．Kettle 中转换主要针对数据的各种处理，其本质是图形化的数据转换配置逻辑结构，以下哪个是转换文件的扩展名（　　　）？

　　A．ktr　　　　　　B．exe　　　　　　C．CSV　　　　　　D．tran

二、实践题

1．在 Kettle 中将一个 CSV 文件转换为 Excel 输出。

2．随机生成 100 个数，取值范围为[0,100]，计算大于或等于 50 的随机数个数，以及小于 50 的随机数个数。同时，将两个统计数字存储到一个数据库表中的一行两列中，即输出结果只有一行，这一行包括两列，分别是各自统计数。

3．数据集成是将不同（　　　）、（　　　）和（　　　）的数据在逻辑上或物理上有机集中，从而为企业提供全面的数据共享。

项目六

数据可视化处理

 项目描述

本次项目将利用 Tableau 可视化工具完成某超市商品销售情况，呈现给管理者畅销产品种类、价格趋势分析、购买人群分析等，掌握该超市的销售情况，并为该超市接下来的合理运营提供参考建议。使用 Echarts 工具对学生生源情况（生源分布、报到时间及年龄状态）多维度、多形式展示。

 学习目标

本项目完成后，学生将能够理解：

1）什么是数据可视化；

2）数据可视化技术；

3）数据可视化工具。

 任务单

6.1　数据可视化认知

6.2　熟悉 Echarts 数据可视化

6.3　使用 Tableau Desktop 完成数据可视化

任务 6.1　数据可视化认知

◎ 6.1.1　任务描述

感知和认知的定义：感知就是人的感知器官与外部世界信息的交流和传递，最直观的现象就是看到了什么；认知是将感知获取的信息的一种综合运用。感知是认知的基础。

数据可视化是数据加工和处理的基本方法之一。它通过图形图像等技术使人们可以更加直观地理解数据（感知），发现数据隐含规律（认知）。

人类对信息认识分为感知和认知。感知一般认为是看到了什么，而认知是感知到了信息。通常，数据可视化使得数据更加友好、易懂，提高了数据资产的利用效率，更好地支持人们对数据认知、数据表达、人机交互和决策支持等方面的应用，在建筑、医学、地学、力学、教育等领域发挥着重要作用。

◎ 6.1.2　知识准备

传统的数据集合（例如，表格等数据集合）中蕴含了大量的数据信息和规格。在这些数据集合中隐含了事物本身发展的现象和规律，人们可以从中发现、分析、探索和进行学习。

大数据的可视化通过将数据以数据可视化的方式展现，可以使数据变得更有意义和直观，使数据变得更容易理解。

活动 1　数据可视化概念	
活动 2　数据可视化方法	

活动 1　数据可视化概念

数据可视化是借助图形化手段，通过图形图像和交互形式表现数据信息的内在规律，并利用数据分析和开发工具发现其中信息和规律的处理过程。数据可视化为数据挖掘、分析与展示提供了更直观的方式。

数据可视化包含科学可视化（Scientific Visualization）、信息可视化（Information Visualization）和可视分析学（Visual Analytics）三个学科分支方向。目前对常说的数据可视化狭义的理解就是指信息可视化。

1. 信息可视化（Information Visualization）是研究抽象数据的交互式视觉表示。信息可视化处理的数据具有抽象数据结构。例如，柱状图、趋势图、流程图、树状图等，都属于信息可视化。这些图形的设计都将抽象的概念转化成为可视化信息。信息可视化的类型大致有以下几种。

1）统计数据可视化：用于对统计数据进行展示、分析。统计数据一般都是以数据库表的形式提供的。常见的统计可视化类库有HighCharts、Echarts、G2、Chart.js等，都是用于展示、分析统计数据的。

2）关系数据可视化：主要表现为节点和边的关系，比如流程图、网络图、UML图、力导图等。常见的关系可视化类库有mxGraph、JointJS、GoJS、G6等。

3）地理空间数据可视化：地理空间通常特指真实的人类生活空间，地理空间数据描述了一个对象在空间中的位置。在移动互联网时代，移动设备和传感器的广泛使用使得每时每刻都产生着海量的地理空间数据。常见类库如Leaflet、Turf、Polymaps等。最近Uber开源的deck.gl也属于此类。

2. 科学可视化（Scientific Visualization）是科学之中的一个跨学科研究与应用领域，它主要关注三维现象的可视化，如建筑学、气象学、医学或生物学方面的系统，重点在于对体、面及光源等的逼真渲染。

3. 可视分析学（Visual Analytics）是随着科学可视化和信息可视化发展而形成的新领域，重点是通过交互式视觉界面进行分析和推理的。

活动 2　数据可视化方法

数据可视化有许多方法，常用的有统计图标可视化、图可视化方法等。

1. 统计图标可视化。

统计图标可视化有众多的展示方法。不同的数据类型可以选择不同的展现方法，统计图标图形示例如表 6-1 所示。

表 6-1　统计图表图形示例

名　称	定　义	使 用 场 景	优　劣
柱状图	以长方形长度为度量的图形的统计报告图，由一系列高度不等的纵向条纹表示数据分布情况，用来比较两个或者多个条件（视角）。适用二维数据集		①直观，简单②只适合小规模数据集
折线图	折线图适合二维的大数据集，尤其是那些趋势比单个数据点更重要的场合。		
饼图	饼图是一个划分为几个扇形的圆形统计图表。每个扇形的弧长（包括圆心角和面积）大小，表示该种类占总体的比例，并且这些扇形合在一起刚好是一个完全的圆形，饼图的功能在于展示"占比"		一般在饼图中要设置占比数据，因为肉眼对面积大小不敏感

续表

名　称	定　义	使用场景	优　劣
散点图	散点图适用于三维数据集,但是一个点在图上只有两维可以比较,为了识别第三维,可以为每个点加上文字标识,或者不同颜色。		有2个维度需要比较
气泡图	气泡图是散点图的一种变体,通过点的面积大小,反映第三维		可以表示三维或四维,其中只有二维可以比较
雷达图	雷达图适用于多维数据(四维以上),并且每个维度必须可以排序		数据点最多6个,否则无法辨别,因此适用场合有限

2. 图可视化方法。

图是表达数据灵活和强大的方式之一，能够将复杂数据简单明了地进行变化表述。图可视化在社会网格数据可视化中得到了广泛应用。

3. 数据可视化实现。

数据可视化就是数据空间到图形空间的映射。一个通用可视化实现流程，是先对数据进行加工过滤，转变成视觉可表达的形式（Visual Form），然后再渲染成用户可见的视图

（View），如图 6-1 所示。

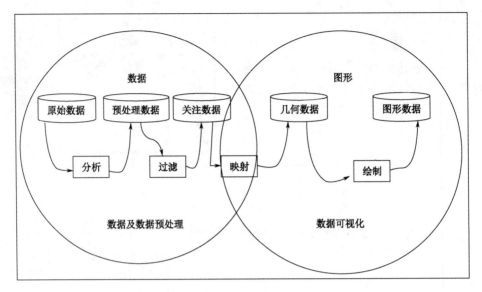

图 6-1　数据可视化实现

实现数据可视化流程主要内容分成三大部分：采集、处理、分析，具体可以分为目标分析——数据收集——数据处理——数据分析——可视化呈现。主要步骤之间彼此相互作用、相互影响。

1）目标分析：确定可视化的目标，并根据目标进行一些准备工作，比如确定数据来源、数据内容等。

2）数据收集：根据制定的目标，进行数据收集。数据收集可以利用数据采集工具采集收集所需的数据。

3）数据预处理：对收集数据进行一些预处理，主要是对脏数据进行诸如筛去一些不可信的字段，对空白的数据进行处理等。

4）数据分析：数据分析是可视化流程的核心，根据不同的需求从数据中选择全部或部分数据进行全面且科学的分析，联系多个维度，根据类型决定不同的分析思路等。

5）可视化呈现：用户对最后呈现的可视化结果进行观察，直观发现数据中的差异，从中提取出对应的信息。

4．常用可视化工具。

目前，数据可视化工具有很多，如编程性语言工具有 R 语言、HTML5、Processing、Python 可视化库等。

Microsoft Excel 是一款大众化的工具，对于一般的数据量来说，其可视化功能比较适合，但是对于数据量较大的数据则不太适合。

商业上的产品著名的有 Tableau，DOMO，PowerBI，Google Spreadsheets 等，如 Google Spreadsheets 软件是基于 Web 应用程序的。它允许使用者创建、更新和修改表格，在线实时分享数据。另外，基于 Ajax 的程序和微软的 Excel 和 CSV（逗号分隔值）文件是兼容的。根据需要可以选择合适的工具。

⊚ 6.1.3　任务效果

本任务介绍数据可视化的基本概念及表示方法。数据可视化是借助图形化手段，通过图形图像和交互形式表现数据信息的内在规律。

1）数据可视化包含科学可视化（Scientific Visualization）、信息可视化（Information Visualization）和可视分析学（Visual Analytics）三个学科分支方向。

2）数据可视化常用的有统计图表可视化、图可视化方法。

任务 6.2　熟悉 Echarts 数据可视化

⊚ 6.2.1　任务描述

本次任务是熟悉如何使用 Echarts 完成数据可视化工作的，了解 Echarts 基本概念及配置方式，掌握 Echarts 工具的安装配置方式、图形显示方式及主要组件概念及使用。

⊙ 6.2.2 知识准备

1. Echarts 简介

Echarts（Enterprise Charts）来自百度商业前端数据可视化团队，是基于 HTML5 Canvas 的一款由 JavaScript 实现的开源商业级数据可视化图表库，通过在 Web 页面中引入库实现个性化定制的数据可视化图表。

Echarts 提供了常规的折线图、柱状图、散点图、饼图、K 线图，用于统计的盒形图，用于地理数据可视化的地图、热力图、线图，用于关系数据可视化的关系图、旭日图，多维数据可视化的平行坐标，还有用于 BI 的漏斗图、仪表盘，并且支持图与图之间的混搭。

2. Echarts 框架

Echarts 软件的基本组成包括基础库、图类、组件及接口，如图 6-2 所示。

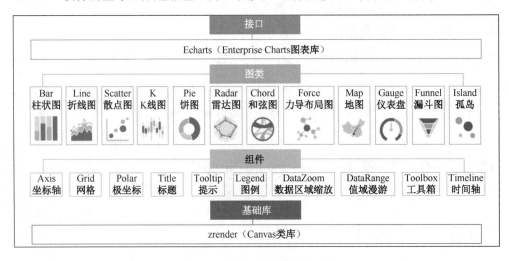

图 6-2 Echarts 框架示意图

1）基础库

底层依赖于轻量级的 Canvas 类库 ZRender，基于 HTML5 实现图像显示、视图渲染、动画扩展和交互控制等。

2）图类

Echarts 支持折线图、柱状图、散点图、饼图、K 线图等。

3）组件

组件还提供标题、详情气泡、图例、值域、数据区域时间轴、工具箱等的交互组件，支持多图标、组件的联动和组合展示。

4）接口

Echarts 数据可视化通过引入接口实现，常见图标表示接口如表 6-2 所示。

表 6-2　Echarts 常见图标表示接口

接　　口	说　　明
line	描述折线图、堆积折线图、区域图及堆积区域图
bar	描述柱形图（纵向）、堆积柱形图、条形图等
scatter	描述散点图，气泡图
K	描述 K 线图，蜡烛图
pie	包括饼图、圆环图、兰丁格尔图的描述
radar	雷达图、高纬度数据展现
map	地图

⊗ 6.2.3　任务实施

活动 1　安装和认识 Echarts	
活动 2　使用 Echarts 完成学生数据分析图形显示	

活动 1　安装和认识 Echarts

1. 可以通过以下几种方式获取并安装 Echarts。

1）通过官网 https://www.echartsjs.com/zh/download.html 选择需要下载的版本，根据开发者对功能的需求及软件大小的要求，选择下载软件包。

① 完全版：echarts/dist/echarts.js，体积最大，包含所有的图表和组件。

② 常用版：echarts/dist/echarts.common.js，体积适中，包含常见的图表和组件。

③ 精简版：echarts/dist/echarts.simple.js，体积较小，仅包含最常用的图表和组件。

2）在 Echarts 的 GitHub 上下载最新的 release 版本，在解压出来的文件夹 dist 目录里可以找到最新版本的 echarts 库。

3）通过 npm 获取 echarts，使用命令如下：npm install echarts –save。

4）通过 cdn 引入，在 cdnjs，npmcdn 或者国内的 bootcdn 上找到 Echarts 的最新版本。

2．引入 Echarts

在网页代码中，使用 script 标签引入即可，如图 6-3 所示。Echarts 引入方式有直接引入和 CDN 方式引入两种。

```
<!DOCTYPE html>
<html>
<head>
    <meta charset="utf-8">
    <!-- 引入 echarts.js -->
        <script src="echarts.js"></script>
</head>
```

（a）下载后直接引用 Echarts

```
<head>
    <meta charset="utf-8">
    <!-- 引入 echarts.js -->
    <script src="https://cdn.staticfile.org/echarts/4.3.0/echarts.min.js"></script>
</head>
```

（b）使用 CDN 方式引入 Echarts

图 6-3　在网页中引入 Echarts 方式

3．在网页中为每个 Echarts 实例准备一个块容器 Dom，并定义容器的高和宽，通过 echarts.init 方法初始化一个 Echarts 实例。

一个网页中可以创建多个 Echarts 实例。每个 Echarts 实例独占一个 DOM 节点。在 Echarts 实例中可以创建多个图表和坐标系。

例如：准备一个 Dom 节点，并在上面创建一个 Echarts 实例。

```
<body>
<!-- 为一个Echarts实例准备一个具备大小（宽高）的Dom -->
<div id="chart" style="width: 800px;height:500px;"></div>

<script type="text/javascript">
      // 基于准备好的Dom，初始化Echarts实例
 var firstChart = echarts.init(document.getElementById(' chart '));
</body>
```

注意

> 如果 Echarts 和 zrender 是以 npm 的方式安装的。Echarts 和 zrender 会被存放在 node_modules 目录下，直接在项目中运行代码 require('echarts')得到 Echarts。需要在上述代码后增加一行代码。

```
<script type="text/javascript">
var echarts = require('echarts');
      // 基于准备好的Dom，初始化Echarts实例
 var firstChart = echarts.init(document.getElementById(' chart '));
```

4. 在 option 中描述将要显示的图标。

Echarts 提供了丰富的自定义配置选项，并且能够从全局、系列、数据三个层级去设置数据图形的样式。

Echarts 使用 option 来描述其图表的各种需求，包括：数据、图表类型及显示方式、组件及组件操作等。简单来说，option 表述了数据、数据如何映射成图形及组件交互行为。

指定图例配置项和参数：

Echarts 中各种内容，被抽象为"组件"。例如：xAxis（直角坐标系 X 轴）、yAxis（直角坐标系 Y 轴）、grid（直角坐标系底板）、angleAxis（极坐标系角度轴）、radiusAxis（极坐标系半径轴）、polar（极坐标系底板）、geo（地理坐标系）、dataZoom（数据区缩放组件）、tooltip（提示框组件）、toolbox（工具栏组件）、series（系列）。

① 标题（title）。

为将要显示的图表配置标题信息，可以省略。

```
title: {
    text: 'Echarts 图表可视化'
},
```

② 提示框（tooltip），可选择配置。

```
tooltip: {Echarts实例},
```

③ 图例组件。

图例组件展现了不同系列的标记（symbol）、颜色和名字。通过单击图例控制哪些系列显示或不显示，例如以下为不同图例配置参数。

图例组件包括对图例布局方式、图例背景颜色、图例边框参数、图例文字属性等设置，如图 6-4 所示。

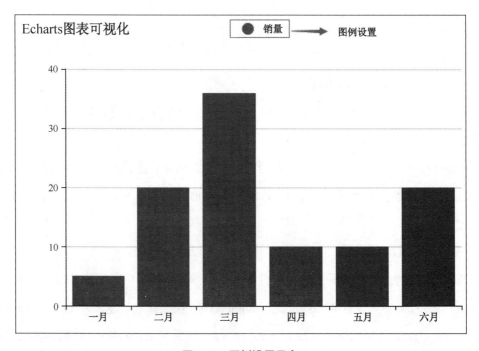

图 6-4　图例设置示意

```
legend: {
```

```
        data: [{
            name: '销量',
            // 强制设置图形为圆。
            icon: 'circle',
            // 设置文本为红色
            textStyle: {
              color: 'red'
                    }
            }]
        }
```

④ 系列列表 series。

在 Echarts 里，系列是指一组数值及它们映射成的图。一个系列包含的要素至少有：一组数值、图表类型（series.type），以及其他关于这些数据如何映射成图的参数。

在 option 中声明了两个系列：pie（饼图系列）和 bar（柱状图系列）。每个系列都有它所需要的数据（series.data），如图 6-5 所示。

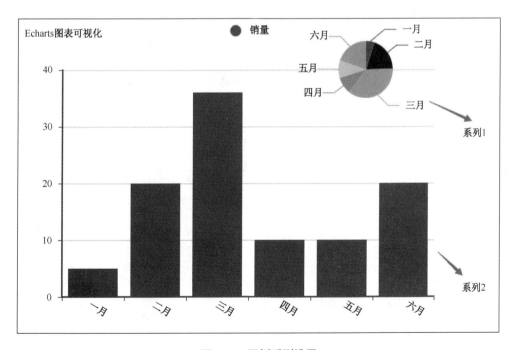

图 6-5　图例系列设置

```
series: [{
```

```
            name: '销量',
            type: 'bar',
            data: [5, 20, 36, 10, 10, 20]
                },
                {
                    type: 'pie',
                    center:['75%',60],
                    radius:35,
                    data: [{name:'一月',value:5},
                        {name:'二月',value:20},
                        {name:'三月',value:36},
                        {name:'四月',value:10},
                        {name:'五月',value:10},
                        {name:'六月',value:20}
                        ]
                },
            ]
```

每个系列通过参数 type 决定自己的图表类型。Echarts 提供了许多图表类型。Echarts 常见图表类型如表 6-3 所示。

表 6-3　Echarts 常见图表类型

类　　型	名　　称
'bar'	柱状/条形图
'line'	折线/面积图
'pie'	饼图
'scatter'	散点（气泡）图
'effectScatter'	带有涟漪特效动画的散点（气泡）
'radar'	雷达图
'tree'	树形图
'treemap'	树形图
'sunburst'	旭日图
'boxplot'	箱形图
'candlestick'	K 线图
'heatmap'	热力图
'map'	地图

续表

类　型	名　称
'parallel'	平行坐标系的系列
'lines'	折线图
'graph'	关系图
'sankey'	桑基图
'funnel'	漏斗图
'gauge'	仪表盘
'pictorialBar'	象形柱图
'themeRiver'	主题河流
'custom'	自定义系列

⑤ X轴，Y轴组件配置

很多系列，例如 line（折线图）、bar（柱状图）、scatter（散点图）、heatmap（热力图）等需要运行在"坐标系"上。坐标系用于布局这些图标，以及显示数据的刻度等。

Echarts 中支持的坐标系有 grid（直角坐标系底板）、angleAxis（极坐标系角度轴）、radiusAxis（极坐标系半径轴）、polar（极坐标系底板）、geo（地理坐标系）、日历坐标系等。

其他一些系列，例如 pie（饼图）、tree（树图）并不依赖坐标系，能独立存在。还有一些图，例如 graph（关系图）等，既能独立存在，也能布局在坐标系中，依据用户的设定而来。

一个坐标系，可能由多个组件协作而成。例如直角坐标系中包括有 xAxis（直角坐标系 X 轴）、yAxis（直角坐标系 Y 轴）、grid（直角坐标系底板）三种组件。xAxis、yAxis 被 grid 自动引用，共同工作。

对 X 轴、Y 轴坐标显示配置包括坐标线的颜色、分割线、坐标标签属性等设置，设置代码如下，设置效果如图 6-6 所示。

```
xAxis: {
    data: ["一月","二月","三月","四月","五月","六月"],
    axisLabel: {rotate:-30,    //设置标签倾斜度;
            },
    axisLine: {        //设置线形属性;
```

```
                    lineStyle:{color:'blue',
                            width:2,}
                }
            },
        yAxis: {axisLine: {
                    lineStyle:{color:'blue',
                            width:2,}
                }},
```

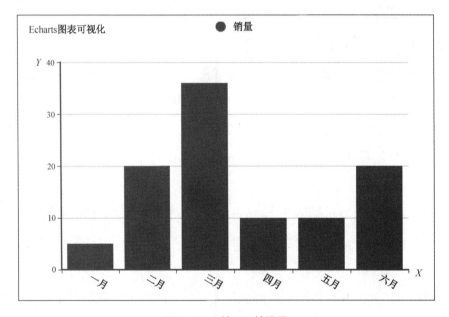

图 6-6　*X*轴、*Y*轴设置

如果一个 Echarts 实例中，有多个 grid。每个 grid 分别有 xAxis、yAxis，可以使用 xAxisIndex、yAxisIndex、gridIndex 来指定引用关系，如图 6-7 所示。

⑥ 使用指定的配置项和参数显示图表。

如果具体选项参数配置完成，使用 setOption()函数实现图表显示。

```
firstChart.setOption(option);
```

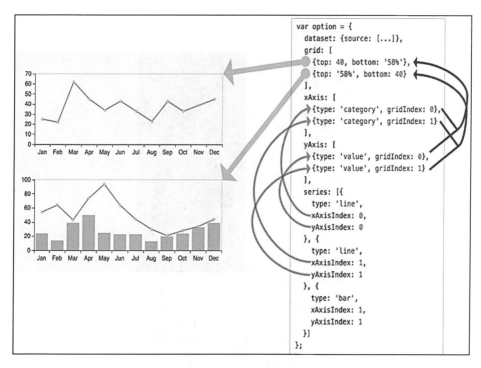

图 6-7　多个 grid 坐标系使用方式

活动 2　使用 Echarts 完成学生数据分析图形显示

使用 Echarts 完成图 6-8 所示的任务效果图图形显示。

根据给定学生入学年龄数据、生源地分布数据及报到时间数据，分别使用饼图、折线图、柱状图将学生数据可视化。本活动需要有 html 与 css 知识，

图形主题使用 dark 方式，可以显示鼠标移动提示信息。

1. 在网页中为每个 Echarts 实例准备一个块容器 Dom，并定义容器的高和宽，通过 echarts.init 方法初始化 echarts 实例。

在网页中建立学生年龄分布实例 Dom、生源地区分布实例 Dom 和学生报到时间分布实例 Dom。每个 Echarts 实例独占一个 Dom 节点。以下是在 Echarts 实例中创建图表和坐标系。

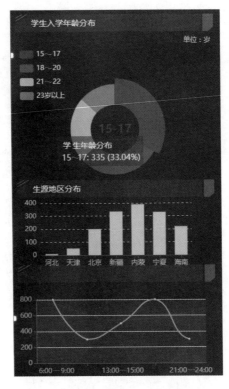

图 6-8　任务效果图

Html 代码

```
    <body>
    <!-- 为每一个Echarts实例准备一个具备大小（宽高）的Dom -->
//为饼图实例建立Dom
    <div class="chart-box pie-chart">
        <div id="qufenbu_data"style="width:90%;height:120px;
margin-left:10px;"></div>
    </div>

    //为柱状图实例建立Dom
    <div class="chart-box">
        <div id="pie_age" style="width:100%;height:100%;
"></div>
    </div>

    //为折线图实例建立Dom
```

```
        </div>
            <div id="line_time" style="width:90%;height:
160px;margin-left:10px;"></div>
        </div>
    </body>
```

2. 基于建立的 Dom，分别定义各图表组件定义。

Js 代码

1）学生入学年龄分析占比，带边框效果的饼图。

```
//使用echarts.init()函数初始化实例
var pie_age =echarts.init(document.getElementById("pie_age"),
'infographic');

//图形实例各组件设置
option = {

    //设置提示框组件
    tooltip: {
        trigger: 'item', // 触发类型，默认数据触发，可选为'item'¦'axis'
        formatter: "{a} <br/>{b}: {c} ({d}%)"//提示框浮层内容格式器
    },

//设置图例
    legend: {
        orient: 'vertical',//布局方式，可选为'horizontal'¦'vertical'
        x: 'left',          //水平安放位置，可选有'center'¦'left'¦'right'
        data:['15~17','18~20','21~22','23岁以上'],//图例文本
        textStyle: {color: '#fff'}        //图例文本颜色
    },

    // 系列组件定义
    series: [
        {
            name:'学生年龄分布',               //名称设置，对应legend
            type:'pie',                      //图例类型设置
            radius: ['30%', '55%'],          //饼图内、外半径设置
            avoidLabelOverlap: false,
            label: {                         //饼图图形上的文本标签
                normal: {
                    show: false,
```

```
                position: 'center'
            },
        emphasis: {
            show: true,
            textStyle: {
                fontSize: '20',
                fontWeight: 'bold'
            }
        }
    },
    labelLine: {                    //标签的视觉引导线样式
        normal: {
            show: false
        }
    },
    data:[
        {value:335, name:'15-17'},
        {value:310, name:'18-20'},
        {value:234, name:'21-22'},
        {value:135, name:'23岁以上'}
    ]
    }
  ]
};

//在Dom中实现饼图可视化
pie_age.setOption(option);
```

2）学生生源地图设置

以下为学生生源图标设置代码。

```
    var qufenbu_data =echarts.init(document.getElementById("qufenbu_data"),
'infographic');
    option = {
        color: ['#FADB71'],
        tooltip : {
            trigger: 'axis',
            axisPointer : {            //坐标轴指示器，坐标轴触发有效
                type : 'shadow'        //默认为直线，可选为: 'line' | 'shadow'
            }
        },
```

```
        grid: {
            x:30,
            y:10,
            x2:15,
            y2:20
        },
        xAxis : [
            {
                type : 'category',
                data : ['河北', '天津', '北京', '新疆', '内蒙', '宁夏', '海南'],
                axisTick: {
                    alignWithLabel: true
                },
                axisLabel: {
                color: "#FADB71"          //刻度线标签颜色
                }
            }
        ],
        yAxis : [
            {
                type : 'value',
                axisLabel: {
                color: "#FADB71"          //刻度线标签颜色
                }
            }
        ],
        series : [
            {
                name:'地区分布',
                type:'bar',
                barWidth: '60%',
                data:[10, 52, 200, 334, 390, 330, 220]
            }
        ]
    };
    qufenbu_data.setOption(option);
```

3）学生报到时间分布图例配置

```
    var line_time =echarts.init(document.getElementById("line_time"),
'macarons');
    var option = {
```

```
            // 给Echarts图设置背景色
            backgroundColor: '#FBFBFB',    // 给Echarts图设置背景色
            color: ['#7FFF00'],
            tooltip: {
                trigger: 'axis'
            },

            grid:{
                    x:40,
                    y:30,
                    x2:5,
                    y2:20
                },
            calculable: true,

            xAxis: [{
                type: 'category',
            data: ['6:00-9:00', '10:00-12:00', '13:00-15:00', '16:00-20:00',
'21:00-24:00'],
        axisLabel: {
                color: "#7FFF00"            //刻度线标签颜色
                }
            }],
            yAxis: [{

                type: 'value',
                axisLabel: {
                color: "#7FFF00"            //刻度线标签颜色
                }
            }],
            series: [{
                name: '人次',
                type: 'line',
                data: [800, 300, 500, 800, 300, 600],

            }]
        };

    line_time.setOption(option);
```

⊚ 6.2.4　任务效果

本次任务通过活动 1 掌握了 Echarts 数据可视化工具的基本知识和应用，并通过活动 2 巩固实践了所学知识。

1）Echarts 的代码是嵌入到脚本文件中的，如 js 文件。因此，我们首先在 js 中引用 Echarts 的库。

2）写好的脚本可以直接嵌入 html 文档中，也可以单独卸载 js 文件，通过在 html 文档中引入也可使用。

3）需要熟悉 Echarts 组件使用，可以参考官方文档。

任务 6.3　使用 Tableau Desktop 完成数据可视化任务

⊚ 6.3.1　任务描述

为了提高连锁商店商品销售量，希望通过获得的销售额报表去发现和分析为什么某些产品的销售额比其他产品更好，某些地区的利润没有预期那样好。通过查看总销售额和利润，看看是否能找出对销售额和利润造成影响的因素。

使用 Tableau 构建一个产品数据视图，按地区建立产品销售额和利润的地图，构建包含您发现的仪表板，然后创建要呈现的数据可视化图表。

⊚ 6.3.2　知识准备

Tableau 是一款商业智能（BI）数据分析工具软件，主要分为 Tableau Desktop 和 tableau server。通过数据导入，分析结构化数据，结合数据操作，即可实现数据分析，生成可视化的图表、坐标图、仪表盘与报告等。

Tableau Desktop 是一款设计和创建美观视图与仪表板、实现快捷数据分析功能的桌面端分析工具，具有简便的拖拽方式界面，用户可以自定义视图、布局、形状、颜色等，从不同的角度展示数据。

1. Tableau 组成

在首次进入 Tableau 或打开 Tableau 但没有指定工作簿时，如果要开始构建视图并分析数据，还需要先进入"新建数据源"页面，将 Tableau 连接到一个或多个数据源，建立工作簿，如图 6-9 所示。

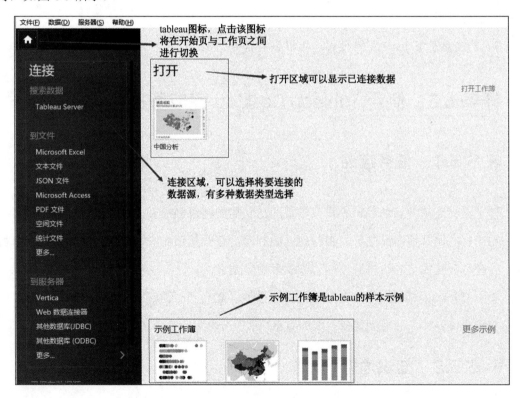

图 6-9　Tableau Desktop 开始页面

在"连接"窗格中的"已保存数据源"下，选择连接到"示例-超市"数据集，如图 6-10 所示。

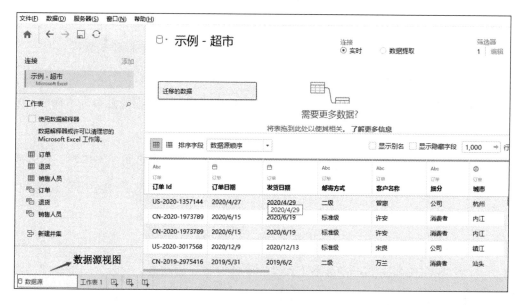

（a）数据源视图

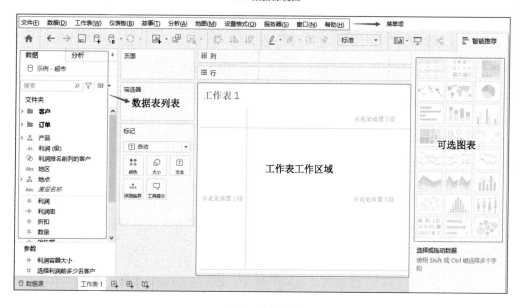

（b）工作表视图

图 6-10　连接数据源页面

Tableau 工作区是制作视图、设计仪表板、生成故事、发布和共享工作簿的工作环境，包括工作表工作区、仪表板工作区和故事工作区，也包括公共菜单栏和工具栏。

1）工作薄（workbook）：包含一个或多个工作表，以及一个或多个仪表板和故事，是用户在 Tableau 中工作成果的容器。用户可以把工作成果组织、保存或发布为工作簿，以便共享和储存。

2）工作表（worksheet）：又称为视图，是可视化分析的基本单元。工作表工作区包含菜单、工具栏、数据窗口、含有功能区和图例的卡，可以在工作表工作区中通过将字段拖放到功能区上来生成数据视图（工作表工作区仅用于创建单个视图）。

在 Tableau 中连接数据之后，即可进入工作表工作区。

3）仪表盘（dashboard）：是多个工作表和一些对象（如图像、文本、网页和空白等）的组合，使用布局容器方式对其进行组织和布局，以便揭示数据关系和内涵。

4）故事（story）：是按顺序排列的工作表或仪表盘的集合，故事中各个单独的工作表或仪表板称为"故事点"。可以使用创建的故事，向用户叙述某些事实，或者以故事方式揭示各种事实之间的上下文或事件发展的关系。一般用工具演示故事。

2．Tableau 提供的基本操作

1）对字段的操作：数据表的字段操作提供了字段合并、字段拆分、字段分层、字段分组、字段计算等操作。

2）提供多种函数。

3）对表的操作：对表的操作有差异计算、百分比差异计算、总额百分比计算、排名计算、百分比计算、汇总计算等。

4）排序与筛选：排序有手动排序、计算排序；筛选有顶部筛选器、条件筛选器、上下文筛选器、通配符筛选器。

⊙ 6.3.3 任务实施

活动 1 熟悉 Tableau 设计流程	
活动 2 使用 Tableau 完成超市销售情况分析	

活动 1 熟悉 Tableau 设计流程

以"国家城市食品价格"作为数据源，通过制作食品价格排名，熟悉 tableau 的设计流程，部分国家城市食品价格表如表 6-4 所示。

表 6-4 部分国家城市食品价格表

	A	B	C	D	E	F	G
1	城市	国家/地区	观察日期	价格(S)	产品代码	产品名称	数量
2	阿里布尔	孟加拉国	2020/3/16	1 32274983	11	长粒大米	1 kg
3	阿里布尔	孟加拉国	2020/3/16	0 57719993	12	白米	1 kg
4	阿里布尔	孟加拉国	2020/3/16	4 93024936	13	Kellogg 牌玉米片	500g
5	阿里布尔	孟加拉国	2020/3/16	0.36074995	14	小麦面粉	1 kg
6	巴纳帕拉巴拉格拉姆	孟加拉国	2020/4/28	0.601206	11	长粒大米	1 kg
7	巴纳帕拉巴拉格拉姆	孟加拉国	2020/4/28	1 20241199	12	白米	1 kg
8	巴纳帕拉巴拉格拉姆	孟加拉国	2020/4/28	4 80964796	13	Kellogg 牌玉米片	500g
9	巴纳帕拉巴拉格拉姆	孟加拉国	2020/4/28	2 40482398	15	玉米面粉	2 kg
10	巴纳帕拉巴拉格拉姆	孟加拉国	2020/4/28	0.96192959	16	切片白面包	500g
11	巴纳帕拉巴拉格拉姆	孟加拉国	2020/4/28	4 80964796	21	牛肉馅	1 kg
12	巴纳帕拉巴拉格拉姆	孟加拉国	2020/4/28	3 60723597	22	鸡腿	1 kg
13	巴纳帕拉巴拉格拉姆	孟加拉国	2020/4/28	2 40482398	23	金枪鱼排	1 kg
14	巴纳帕拉巴拉格拉姆	孟加拉国	2020/4/28	7.21447194	24	虾	1 kg
15	巴纳帕拉巴拉格拉姆	孟加拉国	2020/4/28	3 00602998	25	沙丁鱼罐头	125 g
16	巴纳帕拉巴拉格拉姆	孟加拉国	2020/4/28	0. 601206	31	牛奶	1 L
17	巴纳帕拉巴拉格拉姆	孟加拉国	2020/4/28	0 90180899	32	鸡蛋	6 个装
18	巴纳帕拉巴拉格拉姆	孟加拉国	2020/4/28	1 80361799	33	葵花籽油	1L
19	巴纳帕拉巴拉格拉姆	孟加拉国	2020/4/28	1 80361799	34	棕榈油	1L
20	巴纳帕拉巴拉格拉姆	孟加拉国	2020/4/28	1.80361799	35	酱油	1L

（1）连接到数据库：进行数据源连接，数据源支持文本、Excel、数据库、大数据平台。

在 Tableau 开始页，在"连接"下选择连接到"国家城市食品价格"数据源，如图 6-11 所示。

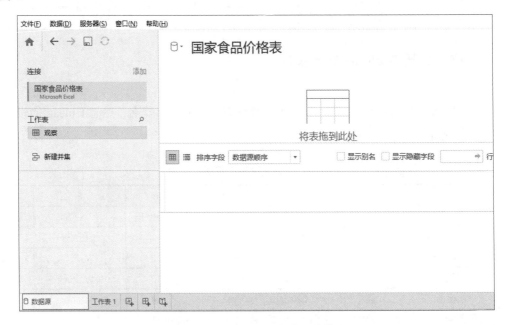

图 6-11　部分国家城市食品价格表

（2）构建数据视图：连接数据源成功后，将图 6-12（a）左侧"观察"表拖至"将表拖至此处"，然后单击左下角的工作表 1，切换到工作表视图，如图 6-12（b）所示。

刚开始，工作表视图是一块空白，开始创建第一个视图，可清晰地显示所有可用的数据行和数据列，使用数据行列及度量值开始创建视图。在度量名称（也称为维度）中选择字段拖动到行中，在度量值字段中选择字段拖动到行中。

说明：维度是描述性数据，而度量是数字数据。通常 Tableau 会根据字段属性自动将字段分为维度和度量。这里假设选择产品名称和数量作为维度，价格作为度量，度量的方式可以自行选择，如图 6-13 所示。

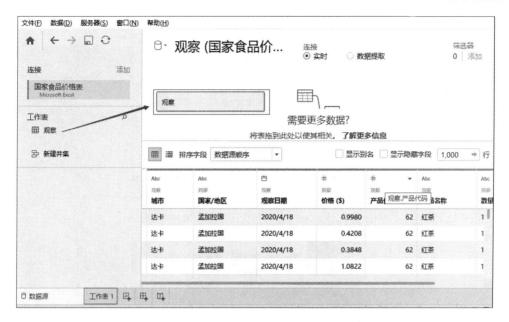

（a）数据源视图

（b）工作表视图

图6-12 工作表视图切换

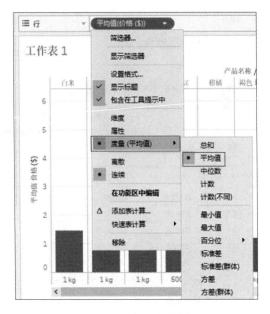

图 6-13　度量方式选择

当完成行、列维度和度量选择后，工作表将自动显示数据视图，在工作区右边选择视图类型，这里选择的是柱状图，如图 6-14 所示。

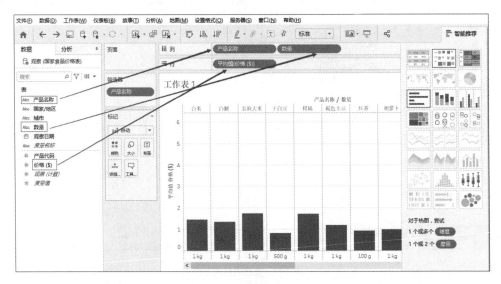

图 6-14　数据柱状图显示

（3）创建工作表：如果需要对相同数据或者不同数据进行新的数据视图创建，可以单击 Tableau 底部的新建工作表按钮，如图 6-15 所示。

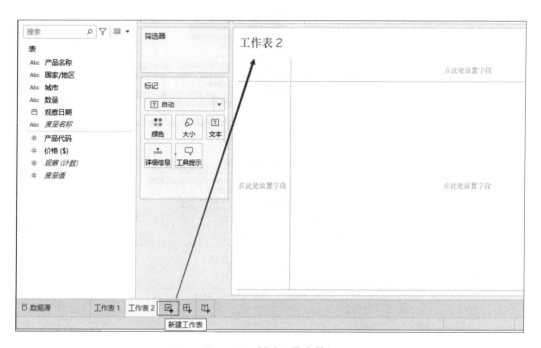

图 6-15　新建工作表按钮

（4）创建和组织仪表盘：完成仪表盘与多个工作表连接，对工作表的操作会相应地改变仪表盘的结果，保证数据分析的模型，如图 6-16 所示。

如果在仪表盘中有多个工作表，通过排列优化仪表盘，能够很美观地显示各种工作数据视图，从不同角度观察数据。

（5）创建故事。故事即一张工作簿，包含一系列工作表或者仪表盘，组合的仪表盘或工作表共同完整表达数据的综合信息，用于案例或决策演示，如图 6-17 所示。

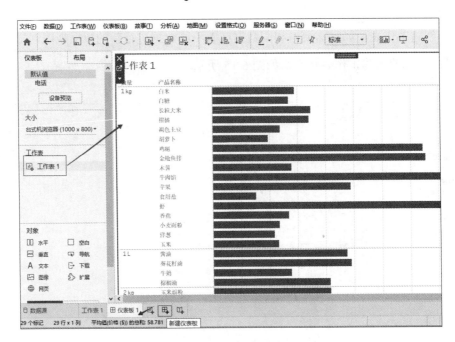

图 6-16 仪表盘

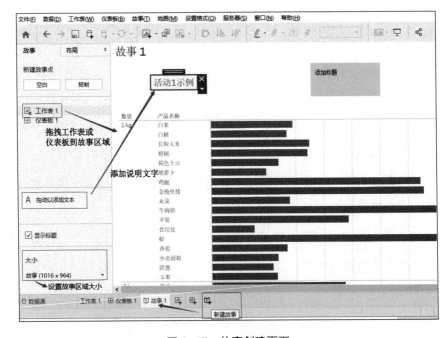

图 6-17 故事创建页面

活动 2　使用 Tableau 完成超市销售情况分析

本活动利用给出的"世界观察"数据集作为数据源，该数据表字段包括年份、国家、平均寿命、总人口、人均 GDP、大洲字段。世界观察数据表结构及部分数据如表 6-5 所示。

表6-5　世界观察数据表结构及部分数据

年　份	国　家	平均寿命	总 人 口	人 均 GDP	大　洲
1800	Afghanista	28.21	3280000	603	asia
1800	Albania	35.4	410445	667	europe
1800	Algeria	28.82	2503218	716	africa
1800	Angola	26.98	1567028	618	africa
1800	Antigua ar	33.54	37000	757	amercas
1800	Argentina	33.2	534000	1507	americas
1800	Armenia	34	413326	514	europe
1800	Aruba	34.42	19286	833	amercas
1800	Australia	34.05	351014	815	asia
1800	Austria	34.4	3205587	1848	europe
1800	Azerbaijan	29.17	879960	775	europe
1800	Bahamas	35.18	27350	1445	amercas
1800	Bahrain	30.3	64474	1235	asia
1800	Bangladesl	25.5	19227358	876	asia
1800	Barbados	32.12	81729	913	amercas
1800	Belarus	36.2	2355081	608	europe

根据提供的数据，完成数据可视化任务，效果如图 6-18 所示。

本活动将根据数据集数据完成"世界观察"数据视图。视图将呈现各国不同年份的 GDP、平均寿命等数据视图；效果呈现为大洲使用气泡图，单击各个大洲气泡，将实时显现该洲的统计数据；散点图表示国家，每个散点代表不同的国家，也将实时呈现该国的各种数据。

（1）连接数据源，在 Tableau 开始页面，直接连接"世界观察"数据源，如图 6-19 所示。

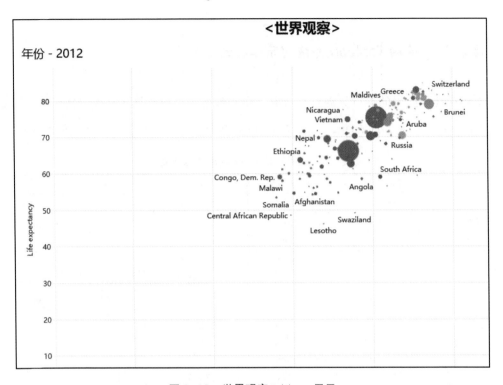

图 6-18　世界观察 tableau 显示

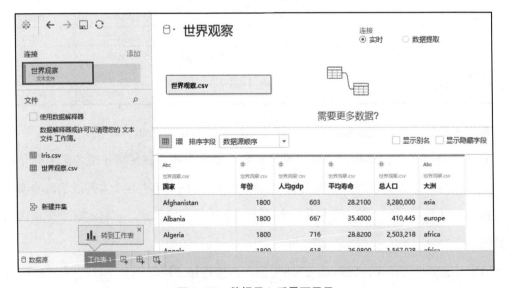

图 6-19　数据导入后界面显示

（2）新建工作表，数据导入后，单击▣新建工作表按钮，建立一个工作表，如图 6-20
所示。

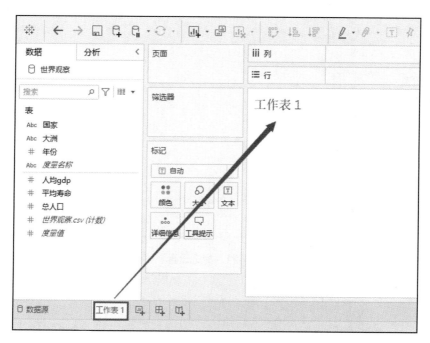

图 6-20　新工作表界面

工作表建立后，可以重命名工作表名称，例如，"年份"工作表。

（3）数据筛选，拖拽"年份"字段到页面栏，将"人均 GDP"拖拽到列栏目，"平均
寿命"字段拖拽到行栏目。

（4）数据标记。选择需要交互展示的数据项，使用选择的标记显示数据，分别选择"大
洲"、"总人口"和"国家"字段的标记方式，标记设置如图 6-21 所示。

（5）仪表板设置。新建一个仪表板，修改仪表板名称，如"世界观察"，将表"年份"
拖入仪表板，仪表板的数据显示如图 6-22 所示。

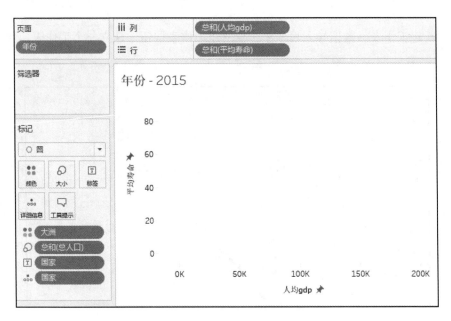

图 6-21　标记设置

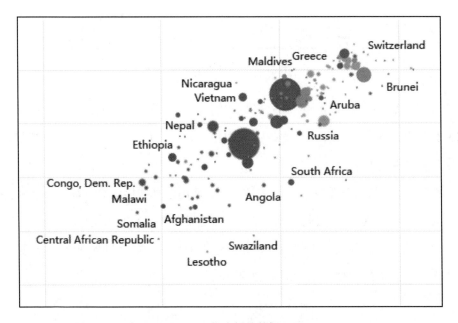

图 6-22　仪表板的数据显示

（6）当鼠标停留在仪表板中的某个数据点上，该数据点的信息将悬停在页面上，用户可以详细了解具体的数据项。仪表板的数据显示如图 6-23 所示。

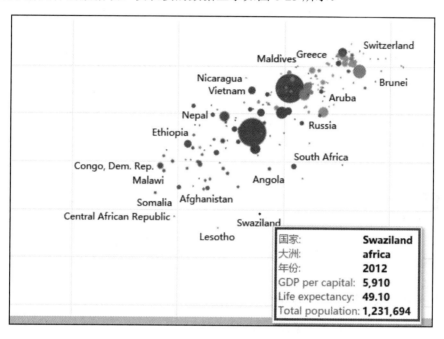

图 6-23　仪表板的数据显示

⊚ 6.3.4　任务效果

本次任务是使用 Tableau 完成数据可视化任务。Tableau 的具体功能如下。

（1）数据连接：Tableau 可以连接多种不同的文件类型，如.xlsx，.csv 文件及各种关系数据库。

（2）工作表/仪表盘/故事：左下角数据源右侧+号图标用于新建工作表。一张工作表表示一种图表；仪表盘用于组合图表在一个界面；翻页 PPT 包含工作表和仪表盘。

（3）数据展示：使用标签展示具体数据，也提供工具显示。工具提示用于交互展示。

（4）数据筛选：通过右键数据选择排除/只保留。

（5）基础图表制作：包括条形图/柱状图、条形图、饼图、折线图、散点图等。

项目小结

1．数据可视化概念。

2．数据可视化工具。

3．Echarts 工具使用。

4．Tableau 工具使用。

习题

一、实践题

1．如何让折线图以月和周为单位绘图？

2．如何为散点图中的各国家添加颜色区分？

3．以 Tableau 的"销售数据"为例，完成数据可视化流程。

项目七

数据标注

 项目描述

本项目将介绍关于图像领域的数据标注相关知识，并使用 Labelme 对图像数据的分类、检测、分割等相关数据进行标注。

本项目主要集中在图像数据标注工具 Labelme 的软件安装配置过程和图像数据标注的使用中。同时，也将简单地介绍人工智能中图像方向相关任务的基本概念，以及其对标注数据的相关需求。

 学习目标

本项目完成后，学生将能够：

1）理解图像领域里的分类、检测及分割等相关任务对标注数据的需求。

2）掌握 Labelme 图像标注工具的使用流程。

 任务单

7.1 安装 Labelme 图像标注工具。

7.2 使用 Labelme 标注工具完成数据标注任务。

预备知识

数据标注概念

数据标注是人工智能领域的相关问题。要了解数据标注，我们必须先简单了解人工智能。人工智能的概念是最早由约翰·麦卡锡于 1956 年在达特茅斯会议上提出的，主要是想让机器人有像人一般的智能行为。

在人工智能概念提出的 60 多年里，其发展也是大起大落。我们迎来了第三次人工智能浪潮，而第一次浪潮是在人工智能被提出后的 20 年里。当时对于此次人工智能的兴起，专家学者尤为看好，甚至指出，未来 10 年，机器人能超越人类。然而，就在大家期盼人工智能的春天之际，在 20 世纪 70 年代后期，人们却逐渐发现过去的理论与模型智能只用于解决一些简单的问题，同时运算能力不足，人工智能的第一次浪潮偃旗息鼓，迎来了突如其来的冬天。

此后，经过短暂的消沉后，随着 20 世纪 80 年代两层神经元网络（BP 网络）的兴起，人工智能开始焕发出新的生机，迎来了第二次发展的浪潮。期间，语音识别、语音翻译及感知机模式成了典型代表。然而，这些现在看来在寻常不过的应用，彼时离人们的实际生活仍较为遥远，人工智能也随之进入了第二次寒冬。

而第三次浪潮开始于 Deep Blue（IBM 深蓝）的出现，它在 1997 年战胜了国际象棋冠军，而 2006 年"神经网络之父"Geoffrey Hinton 提出的深度学习技术进一步推动了人工智能的发展。该技术于 2010 年大火，直接带动了第三次人工智能浪潮的爆发。

数据标注与人工智能相伴相生（如图 7-1 所示）。纵观人工智能的发展脉络，在前两次发展浪潮中，人工智能发展起起伏伏，却从未真正走入人们的生活。因此，当时由于量级比较小，为人工智能提供数据的数据标注工作由相关工程师完成，并不能成为独立的职业。但是随着第三次人工智能浪潮的到来，数据标注需求非常多，2011 年开启了数据标注的外包市场，2017 年进入人工智能爆发阶段，数据标注才开始慢慢进入人们的视野。

图 7-1　数据标注与人工智能图示

数据标注所涉及的范围很广，主要有对文本、图像、语音、视频等待标注数据进行归类、整理、编辑、纠错、标记和批注等操作，为待标注数据增加标签，生产满足机器学习训练要求的机器可读数据编码。在这门课里，我们主要讨论关于图像数据的标注。图像标注同时也是计算机视觉的一个子集，是计算机视觉的重要任务之一。图像标注就是将标签附加到图像上的过程。这可以是整个图像的一个标签，也可以是图像中每一组像素的多个标签。这些标签是由人工智能工程师预先确定的，并被选中为计算机视觉模型提供图像中所显示的信息。

任务 7.1　安装 Labelme 图像标注工具

⊘ 7.1.1　任务描述

Labelme 支持 Windows、Mac、Linux 操作系统。由于在这三个操作系统里都可以在 anaconda 环境下进行安装，安装过程比较类似，所以我们在教材里只对 Windows 操作系统下的安装做详细的讲解，其他操作系统的安装方式仅给出简单的安装命令。

⊙ 7.1.2　知识准备

Labelme 简介

Labelme 是图形图像标注工具，它是用 Python 编写的，其图形界面使用的是 Qt。说直白点，它是有界面的，像软件一样，可以交互，但是它又是由命令行启动的，比软件的使用稍微麻烦点。Labelme 数据标注工具界面示意图如图 7-2 所示。

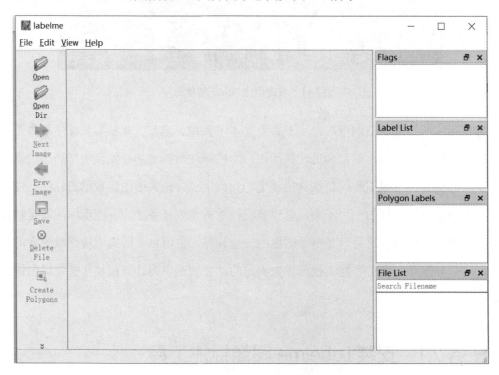

图 7-2　Labelme 数据标注工具界面示意图

Labelme 可以运行在多个操作系统之上，是一个跨平台的数据标注工具软件。本文后续将对其分别在 Windows 操作系统、Mac 操作系统及 Linux 操作系统的安装和配置做进一步讲解。

⊙ 7.1.3　任务实施

活动 1　Windows 操作系统下的安装	
活动 2　Mac 操作系统下的安装	
活动 3　Linux 操作系统下的安装	
活动 4　任务评价与总结	

活动 1　Windows 操作系统下的安装

为了方便维护我们的工作环境，我们选择在 conda 环境（这里我们假设已经安装好了 anaconda）下进行安装，具体安装过程如下。

（1）打开 conda 环境。

打开 Windows 的开始窗口，然后按照如图 7-3 所示的步骤 1 展开 anaconda，单击如图所示的步骤 2，即可打开 conda 环境。

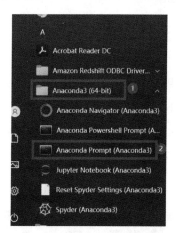

图 7-3　打开 anaconda 步骤示意图

（2）创建 conda 虚拟环境。

在打开的命令行窗口，输入如下命令：

```
conda create --name=labelme python=3.6
```

在看到如图 7-4 所示的界面后，输入 'y'，即可创建基于 python 3.6 环境的虚拟环境。

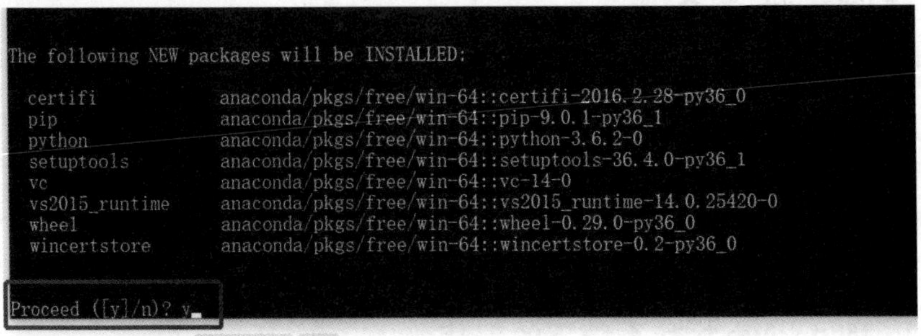

图 7-4　创建 conda 虚拟环境示意图

（3）激活虚拟环境。

创建好 Labelme 的虚拟环境后，输入如下命令（见图 7-5）：

```
activate labelme
```

图 7-5　激活 conda 虚拟环境示意图

此时看到命令行的前缀由 base 变成了 Labelme，即激活虚拟环境成功。

（4）在虚拟环境里安装 Labelme 数据标注工具。

在 Labelme 虚拟环境里输入如下命令：

```
pip install labelme
```

即可开始安装 Labelme 工具软件，如图 7-6 所示。

图 7-6　安装 Labelme 工具软件示意图

如果执行完成，将出现如图 7-7 所示的 "successfully intalled" 字样，则表示该软件安装成功。

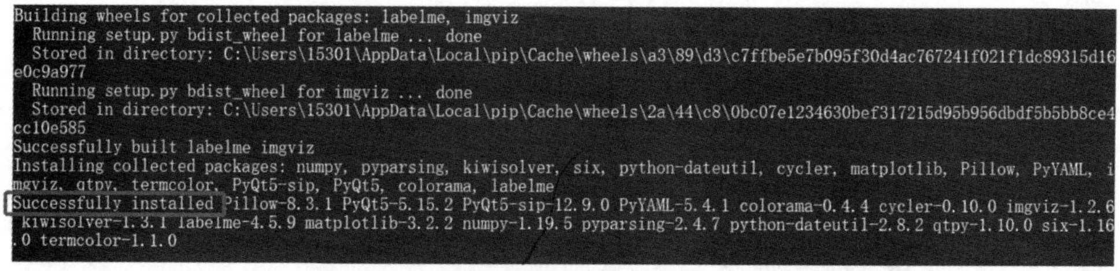

```
Building wheels for collected packages: labelme, imgviz
  Running setup.py bdist_wheel for labelme ... done
  Stored in directory: C:\Users\15301\AppData\Local\pip\Cache\wheels\a3\89\d3\c7ffbe5e7b095f30d4ac767241f021f1dc89315d16
e0c9a977
  Running setup.py bdist_wheel for imgviz ... done
  Stored in directory: C:\Users\15301\AppData\Local\pip\Cache\wheels\2a\44\c8\0bc07e1234630bef317215d95b956dbdf5b5bb8ce4
cc10e585
Successfully built labelme imgviz
Installing collected packages: numpy, pyparsing, kiwisolver, six, python-dateutil, cycler, matplotlib, Pillow, PyYAML, i
mgviz, qtpy, termcolor, PyQt5-sip, PyQt5, colorama, labelme
Successfully installed Pillow-8.3.1 PyQt5-5.15.2 PyQt5-sip-12.9.0 PyYAML-5.4.1 colorama-0.4.4 cycler-0.10.0 imgviz-1.2.6
 kiwisolver-1.3.1 labelme-4.5.9 matplotlib-3.2.2 numpy-1.19.5 pyparsing-2.4.7 python-dateutil-2.8.2 qtpy-1.10.0 six-1.16
.0 termcolor-1.1.0
```

图 7-7 安装 Labelme 工具软件成功示意图

活动 2 Mac 操作系统下的安装

（1）安装 anaconda3。

（2）创建 conda 环境，代码如下：

```
conda create -name=labelme python=3.6
conda activate labelme
```

（3）安装 pyqt5 和 labelme。

```
pip install pyqt5
pip install labelme
```

（4）安装 pillow。

```
conda install pillow=4.0
```

（5）输入 labelme 命令，打开 Labelme。

活动 3 Linux 操作系统下的安装

Linux 操作系统下，Labelme 的安装过程与 Mac 操作系统下安装过程基本类似，可以参考活动 2 的安装过程。

活动 4 任务评价与总结

本任务通过活动 1、活动 2 和活动 3 分别讲解了在 Windows 操作系统、Mac 操作系统及 Linux 操作系统下对 Labelme 图像标注工具的安装配置过程。

任务 7.2 使用 Labelme 标注工具完成数据标注任务

⊙ 7.2.1 任务描述

数据标注是一个涉及范围很广的概念，但 Labelme 数据标注工具只是针对图像标注的一种工具软件。所以，我们在本教材里只针对图像数据的几种典型的应用场景来进行数据标注的讲解，主要有图像分类、点标注、线标注、2D 目标包围框、像素标注这几个方向。接下来，我们主要使用 Labelme 这个图像标注工具来完成一系列相关的图像标注任务。

⊙ 7.2.2 知识准备

对于图像领域来说，需要进行数据标注的主要有如下几种类型的数据。

（1）图像分类：图像分类是将整个图像与一个标签关联的过程。一个简单的图像分类的例子是标记动物的类型，注释者会得到动物的图片，并要求他们根据动物种类对每张图片进行分类。

（2）目标检测包围框（边界框）：边界框标注主要用于对象检测，用来识别某个特征在图像中的具体位置，细分一下又可以分为 2D 边界框和 3D 边界框。

（3）点标注：点标注通常用于对图像特征较细致的场景，如人体姿态估计、人脸特征识别等。

（4）线标注：线标注常用的应用场景就是自动驾驶领域，用来识别车道及边界。

（5）像素标注：又称区域标注，是一种将图像中像素进行归类的标注方式，主要有语义分割和实例分割两种。

⊙ 7.2.3 任务实施

活动 1　图像分类标注	
活动 2　点标注	
活动 3　线标注	
活动 4　目标检测框标注	
活动 5　像素标注	
活动 6　任务评价与总结	

活动 1　图像分类标注

对于图像分类任务来说，首先需要确定的就是图像分类的真实类别情况，使用如下命令即可在打开 Labelme 的同时设置好相应的类别情况：

```
labelme --flags cat,dog
```

这里假设我们需要进行标注的数据只有 cat 和 dog 这两种类别。这个设置请根据具体的实际应用场景来进行确定。执行该命令后打开的界面如图 7-8 所示。

图 7-8　Labelme 图像分类标注界面示意图

由于我们在打开 Labelme 的命令里指定了只有 cat 和 dog 这两个标签，所以我们可以看到图中右上角的 flags 的选项只有 cat 和 dog 这两个。通常，我们在对图像分类数据打标签的时候，都是对很多图片进行标注的，所以我们首先需要做的就是单击左上角的 OpenDir按钮，选择我们想要进行数据标注的图像数据所在的文件夹路径，单击之后，即可看到如图 7-9 所示的界面。

图 7-9　Labelme 图像分类标注数据示意图

Labelme 会自动打开一张图片显示在界面中间的位置，根据出现的图片，标注人员即可为其勾选对应的 flags，然后单击左上角的 NextImage 按钮，打开如图 7-10 所示的待确认界面。

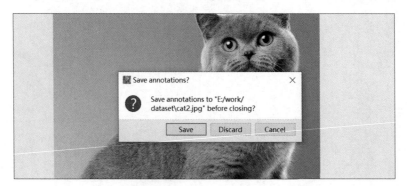

图 7-10　Labelme 图像分类标注确认示意图

如果标注的信息无误，单击 save 按钮即可看到如图 7-11 所示界面。

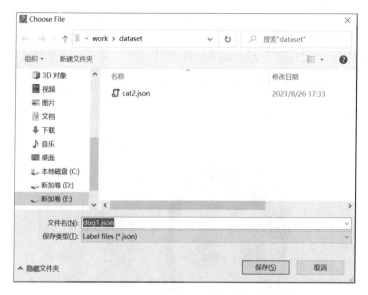

图 7-11　Labelme 图像分类标注文件存储示意图

Labelme 标注工具会自动生成一个和图像文件名称一样的文件名，单击保存之后就会自动打开该文件夹下的下一个图片，一直重复这几个步骤，直到对该文件夹下的所有图片都打上了对应的标签为止。在标注的过程当中，如果出现标注错误的情况，则可以单击左上角的 PrevImage 按钮，返回到相应图片，进行重新标注。给每一个经过标注的图片都生成一个对应 json 文件，里面记录了该图片的分辨率大小、分类标签等相关信息，后续我们直接读取相应 json 文件里的信息就可以得到相应图像的标签信息了。该文件的文件名和对应的图片文件名称相同，如图 7-12 所示。

图 7-12　Labelme 标注信息文件示意图

活动 2　点标注

对于点标注来说，我们打开 Labelme 标注工具之后，第一步也是打开图片数据所在的文件夹，然后选择顶部菜单栏里面的 Edit 按钮下面的 Create Point 按钮，鼠标的光标将会变成一个黑色的十字形状，这个时候使用该光标，单击你需要标注关键点的位置，即可看到如图 7-13 所示的界面。

图 7-13　Labelme 点标注示意图

图 7-14 中，单击的关键点位置处会出现一个使用颜色标注出来的点，弹出的对话框里是让我们输入当前标注的这个点的标签的，这一步根据问题领域里关键点序号进行输入即可。完成所有关键点的标注以后，不同的关键点会以不同的颜色进行呈现，如图 7-14 所示。

标注完所有的关键信息之后，即可单击左边的 NextImage 按钮，在弹出的对话框中单击 save 按钮，保存该图片的关键点标注信息，如图 7-15 所示。

图 7-14　Labelme 多个点标注示意图

图 7-15　Labelme 点标注保存示意图

关键点的 json 标注文件里的详细信息如图 7-16 所示。

图 7-16 中的 label 后面的数字就是该关键点的类别标签，points 后面的两个浮点数值是该关键点在图像里的坐标。

```
{
  "label": "5",
  "points": [
    [
      458.0,
      595.4285714285714
    ]
  ],
  "group_id": null,
  "shape_type": "point",
  "flags": {}
}
],
```

图 7-16   json 标注文件里的详细信息示意图

活动 3   线标注

对于线标注来说，我们打开 Labelme 标注工具之后，第一步也就是打开图片数据所在的文件夹，然后选择顶部菜单栏里面的 Edit 下面的 Create Line 按钮，鼠标的光标将会变成一个黑色的十字形状，这个时候使用该光标，在你需要进行标注的关键点位置单击一下，此时鼠标单击的位置会固定成一个绿色的点，移动鼠标，会以该绿色的点为起始点，鼠标位置为终点出现一条绿色的线。Labelme 线标注示意图如图 7-17 所示。

图 7-17   Labelme 线标注示意图

将鼠标移动到需要标注的线的终点处,再次单击鼠标,即可确定一条直线,此时可看到如图 7-18 所示的界面。

图 7-18　Labelme 线标注提示确认示意图

在图 7-18 的对话框里输入线的标签,单击 OK 按钮,即可标注完成一条直线。Labelme 线标注完成示意图如图 7-19 所示。

图 7-19　Labelme 线标注完成示意图

完成所有直线的标注之后，再单击 NextImage 按钮，即可保存该图片的标注信息对应的 json 文件。线标注数据的 json 文件详细信息如图 7-20 所示。

```
"version": "4.5.9",
"flags": {},
"shapes": [
  {
    "label": "1",
    "points": [
      [
        350.0,
        243.75
      ],
      [
        137.890625,
        357.421875
      ]
    ],
    "group_id": null,
    "shape_type": "line",
    "flags": {}
  }
],
```

图 7-20　Labelme 线标注详细信息示意图

从图 7-20 可以看出，线标注的标注信息和点标注的标注信息很相似。不同的地方只有两个：一个是 shape_type 参数，在这里是"line"（点标注里是"point"）；第二个是每条直线标签下面的点信息，有 2 个，分别代表直线的起点和终点。

活动 4　目标检测框标注

对于目标检测框标注来说，我们通常使用一个矩形框将目标物体包围起来。所以我们在 Labelme 里打开含有待标注数据的文件夹之后，需要在顶部 Edit 菜单下选择 Create Rectangle 按钮，待鼠标形状变化之后，将鼠标移动到目标物体所在位置的矩形区域的一个顶点上，这里第一个点可以选择矩形的 4 个顶点的任意一个，单击鼠标之后，再将鼠标移动到该顶点的对角顶点，单击鼠标，即可跳出如图 7-21 所示的对话框，输入标签，单击 OK 按钮即可。

图 7-21　Labelme 目标框标注示意图

对于目标检测的图片里通常会出现不同的物体，我们只需对不同的物体打上不同的标签即可，如图 7-22 所示。

图 7-22　Labelme 不同种类目标框标注示意图

图 7-23 中，我们标注了行人和车辆这两种待检测的物体，分别用红色和绿色的检测框表示。单击 NextImage 按钮，保存当前图像的数据标注信息到对应的 json 文件。目标检测框标注的 json 文件详细信息如图 7-23 所示。

```
{
  "label": "2",
  "points": [
    [
      690.1169590643275,
      44.44444444444444
    ],
    [
      719,
      84
    ]
  ],
  "group_id": null,
  "shape_type": "rectangle",
  "flags": {}
}
],
```

图 7-23　Labelme 目标框标注详细信息示意图

从图 7-23 可以看出，目标检测框的标注信息和线标注的信息非常类似。它们之间唯一的不同点在于 shape_type 这个参数。在线标注里，这个参数是"line"，而在目标检测框里是"rectangle"。除此以外，其他的格式一模一样。但是需要注意的是，线标注信息里的 points 参数下面的两个点的坐标表示的意义是一条直线的起点和终点，而目标检测框标注信息里的 points 参数下面的两个点的坐标表示的意义是一个矩形框的两个顶点坐标，并且这两个顶点是对角方向上的两个顶点。

活动 5　像素标注

对于像素标注来说，前面的操作步骤和其他的标注一样。在 Labelme 标注工具里打开对应文件夹，单击工具界面左边的 Create Polygons 按钮，待鼠标的光标形状变化之后，即可开始对标注区域进行标注。以人脸分割为例，我们可以在图像当中的人脸区域的边界上任选一点作为像素标注的起始点，如图 7-24 所示。

图 7-24　Labelme 像素标注轮廓选择示意图

在图 7-24 中，我们以额头上头发分界线的关键点为起始点。鼠标移动到该点之后，单击鼠标之后再围绕整个人脸逐点标注人脸区域，这里需要注意的是如果边界倾向于呈直线形状的位置，我们可以增大两点之间的间距，但是对于边界的弯曲程度比较大的位置，我们需要尽量减少两点之间的间距，从而使得我们选择的点尽可能精确地包裹住人脸区域，提高数据标注的精准度。最终，标注完所有点的人脸区域如图 7-25 所示。

与其他类型的标注一样，在选择完一个人脸的完整区域之后，系统会提示我们输入一个标签，按要求输入之后单击 OK 按钮，保存区域标注的 json 文件。

如图 7-26 所示，该 json 文件里的 shape_type 为"polygon"。points 下面的点的个数和标注该区域边界的时候标注人员所选择的点的个数有关，所以和前面的其他标注类型不一样，这个点的数目是不一定的。

图 7-25　Labelme 像素标注轮廓选择完成示意图

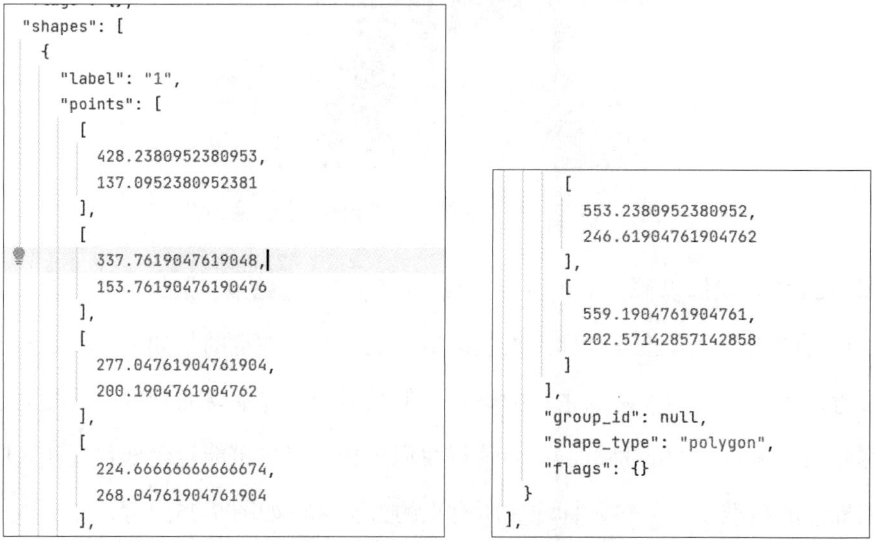

```
  "shapes": [
    {
      "label": "1",
      "points": [
        [
          428.2380952380953,
          137.0952380952381
        ],
        [
          337.7619047619048,
          153.76190476190476
        ],
        [
          277.04761904761904,
          200.1904761904762
        ],
        [
          224.66666666666674,
          268.04761904761904
        ],
```

```
        [
          553.2380952380952,
          246.61904761904762
        ],
        [
          559.1904761904761,
          202.57142857142858
        ]
      ],
      "group_id": null,
      "shape_type": "polygon",
      "flags": {}
    }
  ],
```

图 7-26　Labelme 像素标注详细信息示意图

　　另外，和其他类型的数据标注不同的是，保存该图像的数据标注的 json 文件之后，像素标注工作并没有完成。我们需要在命令行下，输入如下命令：

```
labelme_json_to_dataset  face.json
```

其中，face.json 是刚刚保存的图片 face.jpg 的区域标准信息文件。执行完这个命令之后，文件夹下会生成一个叫 face_json 的文件夹，里面有如图 7-27 所示的几个文件。

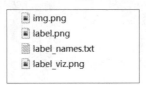

图 7-27　Labelme 像素标注保存文件示意图

其中，img.png 是待标注的原图。label.png 是利用区域标注信息处理得到的二值化图片，如图 7-28 所示。

图 7-28　Labelme 像素标注二值化信息示意图

label_names.txt 文件里保存的是标签的序号等相关信息。label_viz.png 是将 label.png 和原图的灰度图像之间进行叠加得到的图像，如图 7-29 所示。

图 7-29　Labelme 像素标注原图和二值化信息叠加示意图

至此，我们对这个图片的人脸区域的像素标注工作就完成了。

活动 6　任务评价与总结

本小节的任务通过前面 5 个活动掌握了使用 Labelme 数据标注工具软件对图像领域最为常见的 5 种数据标注类型进行操作的方法。其中，通过活动 1，掌握了对图像分类数据进行标注的方法；通过活动 2，掌握了对点数据进行标注的方法；通过活动 3，掌握了对线数据进行标注的方法；通过活动 4，掌握了对目标检测框进行标注的方法；通过活动 5，掌握了对像素数据进行标注的方法。

以上 5 个活动所涉及的图像数据标注方法已经满足了图像领域绝大多数应用场景的数据标注需求，数据标注方法在 Labelme 数据标注工具软件中的操作过程其实都比较类似，对该软件使用熟练之后，会极大地提高我们对图像数据标注的工作效率。

项目小结

1．人工智能图像数据标注基本知识。

2．Labelme 是典型的图像数据标注工具软件之一，支持多种操作系统，是一个跨平台的工具软件。

3．使用 Labelme 可以方便地完成各种图像数据标注任务，比如图像分类标注、关键点标注、直线标注、目标检测框标注及像素标注等。

习题

一、填空题

1．Labelme 图像标注工具支持的操作系统有（　　）、（　　）、（　　）。

2．Labelme 图像标注工具保存的标注数据文件格式是采用的（　　）。

3．人脸检测需要用到 Labelme 图像标注工具标注（　　）类型的数据。

二、实践题

1．在 Windows 操作系统下，完成 Labelme 图像标注工具的安装与配置。

2．使用 Labelme 图像数据标注工具，完成一个文件夹下的十个不同数目的行人图像的行人检测框的数据标注。

3．使用 Labelme 图像数据标注工具，完成一个文件夹下的 10 个含有人脸图像的人脸像素标注。

读者调查表

尊敬的读者：

　　自电子工业出版社工业技术分社开展读者调查活动以来，收到来自全国各地众多读者的积极反馈，他们除了褒奖我们所出版图书的优点外，也很客观地指出需要改进的地方。读者对我们工作的支持与关爱，将促进我们为您提供更优秀的图书。您可以填写下表寄给我们（北京市丰台区金家村 288#华信大厦电子工业出版社工业技术分社　邮编：100036），也可以给我们电话，反馈您的建议。我们将从中评出热心读者若干名，赠送我们出版的图书。谢谢您对我们工作的支持！

姓名：＿＿＿＿＿＿　　性别：□男　□女　　年龄：＿＿＿＿＿＿　　职业：＿＿＿＿＿＿

电话（手机）：＿＿＿＿＿＿＿＿　　　　E-mail：＿＿＿＿＿＿＿＿＿＿＿＿＿

传真：＿＿＿＿＿＿＿　通信地址：＿＿＿＿＿＿＿＿＿＿＿　邮编：＿＿＿＿＿＿

1. 影响您购买同类图书因素（可多选）：

□封面封底　　　□价格　　　　□内容提要、前言和目录　　□书评广告　□出版社名声

□作者名声　　　□正文内容　　□其他＿＿＿＿＿＿＿＿＿＿＿＿＿＿＿

2. 您对本图书的满意度：

从技术角度	□很满意	□比较满意	□一般	□较不满意	□不满意
从文字角度	□很满意	□比较满意	□一般	□较不满意	□不满意
从排版、封面设计角度	□很满意	□比较满意	□一般	□较不满意	□不满意

3. 您选购了我们哪些图书？主要用途？＿＿＿＿＿＿＿＿＿＿＿＿＿＿＿＿＿

4. 您最喜欢我们出版的哪本图书？请说明理由。

＿＿＿＿＿＿＿＿＿＿＿＿＿＿＿＿＿＿＿＿＿＿＿＿＿＿＿＿＿＿＿＿＿＿＿＿＿

5. 目前教学您使用的是哪本教材？（请说明书名、作者、出版年、定价、出版社），有何优缺点？

＿＿＿＿＿＿＿＿＿＿＿＿＿＿＿＿＿＿＿＿＿＿＿＿＿＿＿＿＿＿＿＿＿＿＿＿＿

6. 您的相关专业领域中所涉及的新专业、新技术包括：

＿＿＿＿＿＿＿＿＿＿＿＿＿＿＿＿＿＿＿＿＿＿＿＿＿＿＿＿＿＿＿＿＿＿＿＿＿

7. 您感兴趣或希望增加的图书选题有：

＿＿＿＿＿＿＿＿＿＿＿＿＿＿＿＿＿＿＿＿＿＿＿＿＿＿＿＿＿＿＿＿＿＿＿＿＿

8. 您所教课程主要参考书？请说明书名、作者、出版年、定价、出版社。

＿＿＿＿＿＿＿＿＿＿＿＿＿＿＿＿＿＿＿＿＿＿＿＿＿＿＿＿＿＿＿＿＿＿＿＿＿

邮寄地址：北京市丰台区金家村 288#华信大厦电子工业出版社工业技术分社

邮编：100036　　电话：18614084788　E-mail：lzhmails@phei.com.cn

微信 ID：lzhairs/ 18614084788　联系人：刘志红